イカ・タコは海の魔術師(マジシャン)である！

水中映像の第一人者が撮った
イカ・タコの捕食、闘争、恋愛、産卵など

尾崎幸司 著
監修 奥谷喬司

つり人社

プロローグ

私は東京の江戸川区に生まれ、十五歳の時から海に潜り、多くのイカやタコと出会い、五十年もの間、研究してまいりました。

その結果、国内外のネイチャー系のテレビ番組や釣りのＤＶＤなどで生態に関する映像を紹介することができたのです。

どのように彼らの生活が不思議であり、魅力的なのか、アオリイカやマダコの例を上げて説明しましょう。

彼らの行動が活発になるのは、春から夏にかけてです。アオリイカの場合、オスとメスが出会い、恋をします。彼らは好きな相手ではないとセックス、いわゆる交接はしません。そのためオスは猛ハッスルしてメスにアタックします。メスは喜んで受け入れ、その態勢を整えます。これでハッピーエンドかと思った瞬間、好みのオスが頭上を通り過ぎると、メスは慌てて、目の前のオスを捨てて、好みのオスの後を追いかけるのです。メスの性は、それほど奔放なのです。

相手が決まり、産卵が始まります。アオリイカのメスは、自分の卵を産みますが、産む場所がない場合には、前のメスが産んだ卵を蹴散らして、その跡に産みつけるのです。この身勝手な行動にはびっくりさせられますが、それも子孫を残すための行動なのでしょう。

次は、いよいよ卵から赤ちゃんへと孵化します。マダコの例を紹介しましょう。メスは、岩棚の天井にカイトウゲと呼ばれる藤の花のような卵を産み付け、卵から赤ちゃんが孵化するまで、新鮮な水を漏斗から送り、養育します。その間、餌を獲らないといわれたメスダコは、実際には空腹に耐えかねて餌を獲るのです。この行動を私は、はっきりと見ました。定説とはまったく違うのです。

また、イカやタコには、オスとメスがいますが、その中間の「中性」の存在もあるのです。中性とは何か？　ある種のイカは、オスとメスの他に、小さなオスも存在します。そのオスは体が小さいため、大きなオスには対抗できません。そのためメスといつも一緒に行動して、メスと同じように色彩も変えて振る舞うのです。そして大きなオスとメスがいざ交接をするという時、突然、他から大きなオスが出現することがあります。ライバルの登場です。するとオスは憤然と立ち向かい、戦いが始まります。その隙を狙って、小さなオスは、本来のオスの姿に豹変して、メスと交接し、自分の精子をメスの体内に残し、自分の遺伝子を残すのです。かなり頭脳的な作戦といっていいでしょう。

大自然には、こういった魔訶不思議な世界があります。そんな性の問題やイカ・タコの擬態。つまり餌を獲るため、どのように知恵を使い、餌を捕獲するのか、そういった、あまり知られていないエピソードや新事実を、映像から切り取った写真と文章で紹介します。

日常、イカやタコを食べている方、イカやタコを釣る方、イカやタコを水中で見るダイバーのために、面白おかしく、ためになる情報を満載しましたので、見て、読んでいただければ幸いです。

二〇二一年七月　尾崎幸司

目次

装丁　佐藤安弘（イグアナ・グラフィックデザイン）
イラスト　堀口順一朗
生態監修　奥谷喬司

映画「オクトパスの神秘：海の賢者は語る」は
我が意を得たり！

野生のタコと人間は愛を語れるか？

私もドキュメンタリー番組の取材で1パイのメスダコを長期にわたり連日のように撮影した経験がある。だからこそこの映画には共感することがとても多かったし驚嘆し感動もした

華麗に舞うマダコ

広大な南アフリカの冬の海にひとりのダイバーが、ケルプの原生林の中を泳ぎ、1パイのマダコに出会います。目測で全長50センチ。体重1キロ。茶褐色の美しいメスです。すると、マダコである彼女は、人の気配に気づいて、ふっと振り返ります。そしてダイバーの姿を認め、自分に危害を与える相手でないと分かると、彼女のほうからそっと近づき、細い腕を差し出したのです。好奇心の強い彼女は、そのままダイバーの手に乗り移ります。

ダイバーは驚きながらも彼女の好意を受け入れ、そっと頭（本当は胴部）を撫でてやると、彼女は眼を細め、何と彼の胸に寄り添い、うっとりとした表情で見上げました。

こうしたマダコとダイバーの交流シーンを描いた映画『オクトパスの神秘：海の賢者は語る』（ピッパ・エアリック監督とジェームズ・リード監督）が２０２０年に制作されると、翌年の２０２１年4月にオスカーの前哨戦としても知られる英国アカデミー賞でドキュメンタリー映画賞を受賞。そして同月には米国アカデミーにもノミネートされ、長編ドキュメンタリー映画賞を受賞したのです。

私は受賞する前に、この作品をネットフリックスで鑑賞していました。その感想は、感動以外の何ものでもありませんでした。マダコとダイバーとの交流が、これほど美しく、鮮やかに、そして情感込めて描かれたことは、これまでなかったからです。

野生の動物と人間との交流は、『野生のエルザ』のライオンや、『オルカ』のシャチなど哺乳動物と人間との交流で知られています。しかし、それが頭足類のマダコと人間との交流となると、そんなことを信じる人はいないでしょう。それはマダコが、人間の食卓にも上る生きものだったからでもあり、この交流は想像もつかないことでした。この意外な取り合わせは、まさに驚嘆に値します。しかし、実はこれこそ私が長年追いかけてきたテーマでもありました。作品のストーリーを追いながら説明していきましょう。主人公は、グレイブ・ホスター。著名なカメラマンです。

彼はアフリカ大陸で、野生動物の足跡を追う狩猟民族のカラハリ族が獲物を追う姿に感動し、その生活を映像化しました。そして次は海の野生動物の一種類を追った作品作りたいと思っていたのです。

その相手が、ケルプの森の中で出会ったメスのマダコでした。彼は直ちに彼女を追い掛けます。すると彼女は森の奥へと逃げ込みます。そして自分の棲みかの穴に隠れます。そこで彼がカメラを近づけると、彼女は穴の中でおびえているのではなく、追って来る彼のようすをじっと見つめて観察していたのです。

マダコはとても好奇心の強い知的な動物です。『タコの心身問題』（ピーター・ゴドフリー・スミス著）には、タコは犬や猫ほどの知性があると書かれています。そのため自分に近づいて来る人間に、メスのマダコは好奇心を持ったのです。

彼は、彼女の生態に興味を持ち、毎日のように彼女の棲む巣へ通います。そして、彼女の行動を逐一、水中カメラに収めたのです。すると自分を追い掛けるカメラに興味を持った彼女は、細い腕を伸ばし、そっとカメラのボディーに触れます。その結果、自分に対して脅威を与える物ではない、ということを認識したのです。

彼が彼女のもとを訪れるようになって26日目に決定的なことが起きます。それはなんと、彼女が巣から腕を出し、彼の顔や頬を触り、さらに手を触り、自分に危害を加えないということをしっかりと確認したのです。

彼は、彼女の行為を許しました。すると安心したのか、彼女自身が自分の日常生活を彼に見せたのです。

まず彼女は、自分の頭から角を突き

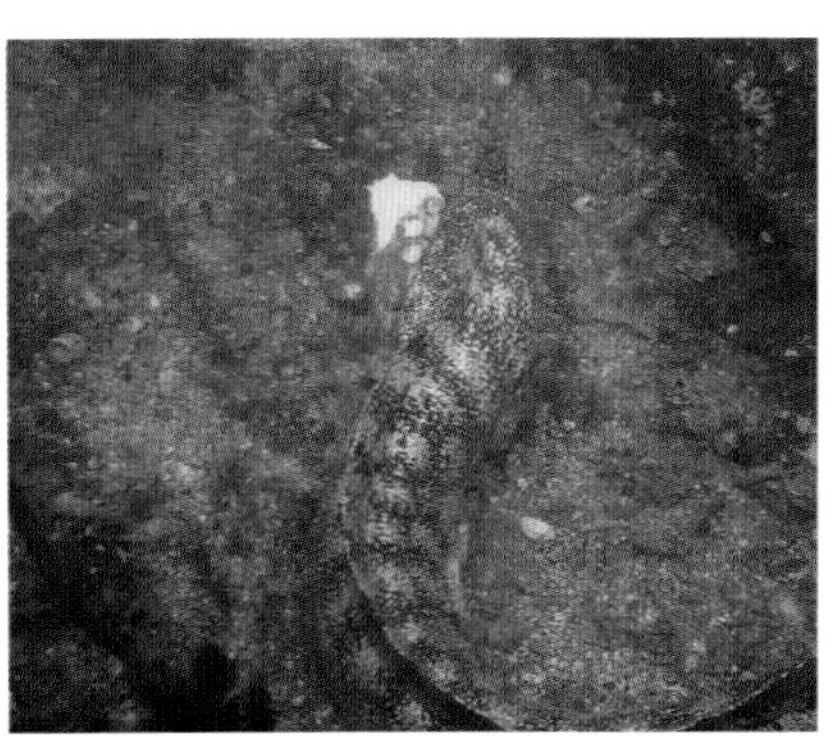
映画ではサメだったが、千葉の海で最大の天敵はウツボだった

出して見せます。それからマダコの喜怒哀楽の表情を見せたり、行動する途中で岩肌に擬態したり、砂地を這ったり、ドレスを着た貴婦人のように八本の腕を振り上げて、砂地で踊ったりしたのです。こんな光景に彼は喜び、盛んにカメラを向けました。

胸に抱き着くマダコ

そんな彼女との蜜月時間を過ごしていると、彼女を驚かすちょっとしたアクシデントが起きてしまいます。突然の物音に驚愕した彼女は、身をひるがえしてケルプの森の奥へと逃げ込んでしまったのです。その後、彼女は全く姿を現わさず、巣にも戻らなくなりました。

彼は、彼女を驚かしてしまったことを深く後悔しました。彼は彼女の行動パターンを予測し、次々と思いつく場所を探しますが、全く見つかりません。

ところが幸いなことに、その一週間後に、ある岩棚の下に住み着いている彼女を発見しました。彼は喜び、そっと手を差し述べます。すると彼女も彼をしっかりと覚えていて、そっと細い腕を差し出して彼の指を掴み、強く握ったのです。

交接、産卵という最後のクライマックスも見届けた

――このマダコの行為を、私自身も、千葉の海で体験しています。

それはテレビ番組の取材で、マダコを撮影するために海に潜り、器量のいい、可愛らしいマダコのメスに出会いました。そのマダコとは何度も交流を重ねたのち、私がそっとマダコの腕に触れると、なんと彼女も私の手を握り返して来たのです。そこで再度、強く握ると、今度はマダコのほうも強く握り返してきました。

この反応には驚きました。自分の好意が通じたのだと思いました。しかし、そんなことがこの世の中にあるのだろうかと半信半疑でした。こういうことがあったよと誰かに話しても冗談としか思われません。ところが、このドキュメンタリーの映画を見て、やはり、そういう世界が存在するのだということを知り、確信を持ったのです。

また映画の話に戻ります。彼女の好意はそれだけではありません。彼の手を大きく包んで離れようとしません。そして、彼の眼をじっと見つめるのです。彼も彼女の眼を見つめます。まさに相思相愛といってもいいでしょう。

次に彼女と会ったとき、さらに衝撃的なことが起きたのです。

彼が手を出すと、彼女はその右手に飛び乗り、さらに左手に飛び移ると、今度は手から胸へと這って行きます。そして黒褐色に体の色を変え、喜ぶように彼の胸にしっかりとしがみつき、信頼を込めたような表情で、顔を埋めたのです。こんなマダコと人間の交流シーンは今までにあったでしょうか。

犬や猫は飼い主に甘える行為を見せますが、マダコも人間に対し、犬や猫に似た一種の恋愛感情を表現したといってもいいでしょう。このシーンには感動しました。

前出の『タコの心身問題』には、研究用に飼育されているマダコは人の顔を記憶しており、嫌いな人が近づくと、水槽から水を掛けたり、時には水槽内の電球をわざと壊してショートさせるほど激しい憎悪の感情を持っていることが書かれています。このシーンは、その逆バージョンで、好意を持ったマダコの人間に対する愛情表現といってもいいかもしれません。彼は、その感動をひとり胸にしまうのではなく、海洋学者を目指す息子のトムにも見せて、マダコの神秘的な能力と奥深さを教えたのです。

サメに襲われる

しかし海は、そんなに甘い世界ばかりではありません。

それは観察開始から125日目のこと。ケルプの森を徘徊する小型のサメに、彼女が襲われたのです。彼女はケルプの葉に隠れたり、追われて岩礁の陸地へ上がったりしたのですが、海に戻ったところを、ふいに襲われ、腕の一本を噛み切られてしまったのです。

彼女はそのショックであっという間に体色は薄れ、体もぐったりとして、息も絶え絶えになります。しかし、気丈にも、何とか巣に逃げ帰ったのです。

翌日、彼が訪れると、巣の中で彼女は瀕死の状態でした。このままでは死んでしまうのではないかということで、彼は餌の貝を与えます。ところが、彼女は、全く見向きもしません。

これは、私自身にも同じような経験があります。私の場合、千葉の海で、産んだ卵を守るマダコのメスが餌を食べないので、空腹だろうと思って餌を与えたことがあります。するとマダコはよほど空腹だったのか、その餌を食べ、感謝のつもりか、私の手をしっかり握って、好意の意志を示したのです。このことには驚きました。それと同時に定説が覆ったと思いました。それは産卵中のタコは絶食して餌を食べないという説です。しかし、現実には空腹になれば餌を食べるし、時には外へ餌を獲りに行くということがあるのです。

１３４日目に巣を訪問すると、半死半生だった彼女が回復しました。よく見ると、切り取られた腕の中央に小さな腕が生えています。それは、ミニチュアの小さな可愛い腕でした。タコの腕は再生するといいますが、まさにその腕が生えていたのです。彼は、その感動を息子のトムに伝えました。

その後しばらくするとミニチュアの腕はどんどん成長し、やがて元の長さまで回復したのです。彼女は、その回復を誇示するように、彼の前で、ウミザリガニやイセエビを捕食するシーンを見せつけたのです。

マダコの愛と死

マダコには高い知能があると思い知る機会に巡り合います。それはケルプの森に、サレマと呼ばれるアジに似た小魚の大群がやって来た時のこと。数千尾もの群れが森を覆い、彼女の巣の周囲を激しく旋回します。それは見事なパフォーマンスでした。

すると巣の中から彼女が飛び出して来て、その群れに向かって長い腕を伸ばし、捕らえようとしたのです。しかし、泳ぎの速い彼らの姿を捕らえることはできません。ところが彼女は諦めずに、何度も何度も長い腕を振り回しているのです。その行動は長時間に及びました。彼は、その光景をじっくり見ているうちに、ふと気付いたのです。それは、彼女がサレマを捕らえようとしているのではなく遊んでいるのであると知ったのです。彼女には、犬や猫と同じように遊びの感覚があるのです。そしてそれを楽しんでいるのです。その行動に、彼もびっくりしました。

そんな彼女も、巣にこもる時期を迎えました。それは繁殖行為です。

巣穴には、彼女の隣にマダコのオスがやって来て、生殖腕を伸ばして交接しています。彼女は、オスの交接腕を受け入れ、恍惚とした表情でうずくまっています。多くの動物は繁殖行為が生命の終末を迎えることを知っています。彼女は交接で最後の喜びに浸っていたのです。

彼女は交接の後、巣の天井に卵を産み付けます。そして産み付けた卵に、新鮮な海水を絶えず漏斗から送り、卵の成長を促します。これは大変な重労働です。その苦労の結果、卵からマダコの赤ちゃんが誕生します。彼女は、卵から孵化した赤ちゃんの姿を見つめながら、自分の役割を終えたことを知り、その生涯を閉じたのです。

死んだ彼女の白い死体が、巣穴から流れ出て、砂地に横たわります。するとトラギスやベラ、クモヒトデなどが取り囲み、激しくついばみます。そして最後には、食いちぎられ、ボロボロになった彼女の遺体を、サメが咥え、さっと森の奥へ運んで行くのです。

大自然の摂理というか、無常というか、これまで天真爛漫な彼女の行動を見て来ただけに、この残酷ともいえる終末のシーンには思わず涙が出ました。

しかし、この世は輪廻転生。彼女が産んだ卵から孵化したマダコの赤ちゃんが、巣の周囲を活発に泳ぎ回り、生を謳歌します。主人公のカメラマンのグレイブ・ホスターも、海洋学者を志す息子のトムに、その座を譲ります。彼はマダコの赤ちゃんを掌に乗せ、じっと見つめています。その表情には、マダコの赤ちゃんを愛しく思う感情に溢れています。このドラマのラストシーンには、思わず胸に迫るものがありました。

ここまでマダコの生態を生々しくドキュメンタリータッチで描いた作品はいまだかつてありません。この作品によって、マダコの生態が新たな脚光を浴びたと思います。

ハッチアウトの瞬間。映画の彼女も、卵から孵化した赤ちゃんの姿を見つめながら、自分の役割を終えたことを知り、その生涯を閉じる

ちなみに、「ジョーズ」でおなじみのスティーブン・スピルバーグ監督の「宇宙戦争」や「ET」の映画を見ると、宇宙人は皆、頭が禿げあがり、手足の長いタコに似た動物に描かれています。それだけタコには知性があるということを、昔から信じている人が多かったのでしょう。

私も長年にわたる水中映像の世界で、マダコをテーマに多くの作品を作りました。それだけに、このドキュメンタリー映画は、我が意を得たりという気持ちです。

幸いなことに、私もタコをテーマにした『イカ・タコは海の魔術師(マジシャン)である!』という著書をつり人社から出版する運びとなりました。その際には、ぜひともピッパ・エアリック監督たちに、この本を贈呈したいと思っております。

第一章

ビックリショット

誰も知らない尾崎幸司の衝撃的な体験談

――私が水中映像カメラマンとして、日本を始めオーストラリアやインドネシア、タイ、フィリピン、マレーシア、アメリカを取材し、その中から厳選したビックリショットを紹介します。

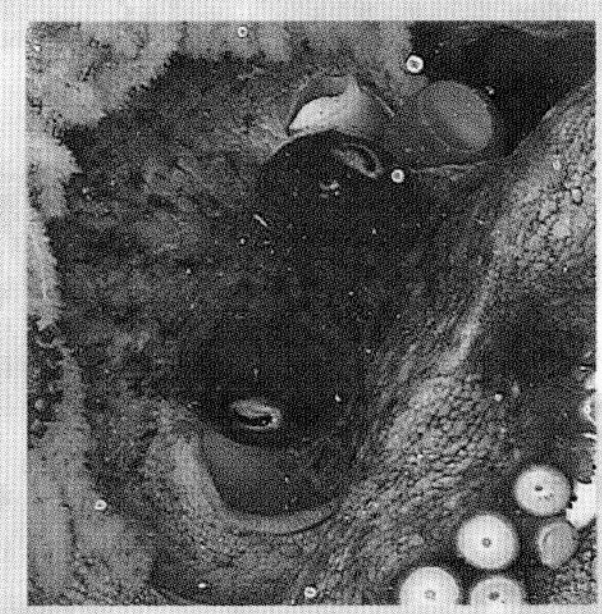

ヒメコウイカがテッポウエビを捕食！

この捕食シーンは、秋の伊豆の海で撮影したものです。

私が水中でヒメコウイカに出会った時、なぜかイカは、全身をピカピカと光らせ、緊張し、興奮していました。

「何かやるな?」と思って前方を見ると、何と目の前に獲物であるテッポウエビがいたのです。イカは獲物を前に、目を細め、ヒレを速く動かして、極度に興奮していました。

カメラマンにとって、これ以上のシャッターチャンスはありません。私はカメラを構えました。しかし、ヒメコウイカの捕食シーンを、できるだけシャープに撮りたい。そのためには近づかなければなりません。しかし、あまり近づくと相手に警戒されるので、できるだけ息を殺して迫りました。

ヒメコウイカには、触腕が二本あります。小さなサラサエビのような小物には、さほど気を遣わないのですが、大きなテッポウエビとなると違います。強い相手を襲う場合、粘着力のある二本の触腕を一本になるように合わせて、そっと近づきます。そして、息を詰めるようにして獲物を捕食できるかどうかの距離を計りながら、標的との間合いを詰めるのです。

そして、距離を決めたら一気に発射します。そして捕らえると同時に、自分のほうから抱き付き、絡め取る。驚くほどの素早さです。私もシャッターを切りながら非常に興奮したのを覚えています。

テッポウエビを見事にキャッチ！

蝕腕を伸ばしてエビを狙う

マダコがイセエビを襲った！

これもショッキングなシーンです。

イセエビが夕方から夜にかけて、餌を求めて巣から出て来て、岩場や砂地を出歩きます。

そこを狙って、待っていたのがマダコです。

襲う場所は、マダコの巣の近くの岩棚や砂地です。イセエビが餌をあさって無警戒になって近づいて来た時、突然背後より忍び寄ったマダコの腕がパーッと大きく伸びて、あっという間に体に巻き付け、強引に引き寄せて、鋭いカラストンビで噛みました。

カラストンビから、イセエビを麻痺させる唾液を送り込んだのです。イセエビは痙攣したように体を震わせました。まさに一瞬の出来事でした。

イセエビはまだマダコの存在に気づいていない

背後からイセエビを襲う

しっかり抱き込んだら
もう逃げられない

子ダコがウツボに襲われた！

子ダコというのは可哀そうな存在です。ウツボに襲われると、無抵抗のまま食べられてしまうからです。ところが親ダコとなるとそうはいきません。立場が一転して、親ダコの強い吸盤が、ウツボの体に抱きつき、絞め殺してしまうからです。そんな被害に遭ったウツボの死体を、以前見たことがあります。体にタコの吸盤の跡が、クッキリと付いていました。

ただし、ウツボもやられているばかりではありません。

何と弱そうなタコを見ると襲い、足を食いちぎって、それを咥えているシーンを見たことがあります。

もう一枚のシーンは、ウツボが集合している光景です。ウツボは岩棚を棲みかにしています。そして、その周囲にそれぞれのウツボ自身の棲みかを持ち、縄張りにしています。そこへ新参者が現れると、激しい縄張り争いが展開されるのです。このシーンはウツボ同士が集合し、何やら情報交換をしているようです。

ウツボが小ダコを襲う瞬間をとらえた

ウツボに襲われたタコの残骸。腹がいっぱいになれば食事は終了する

ウツボ同士の談合

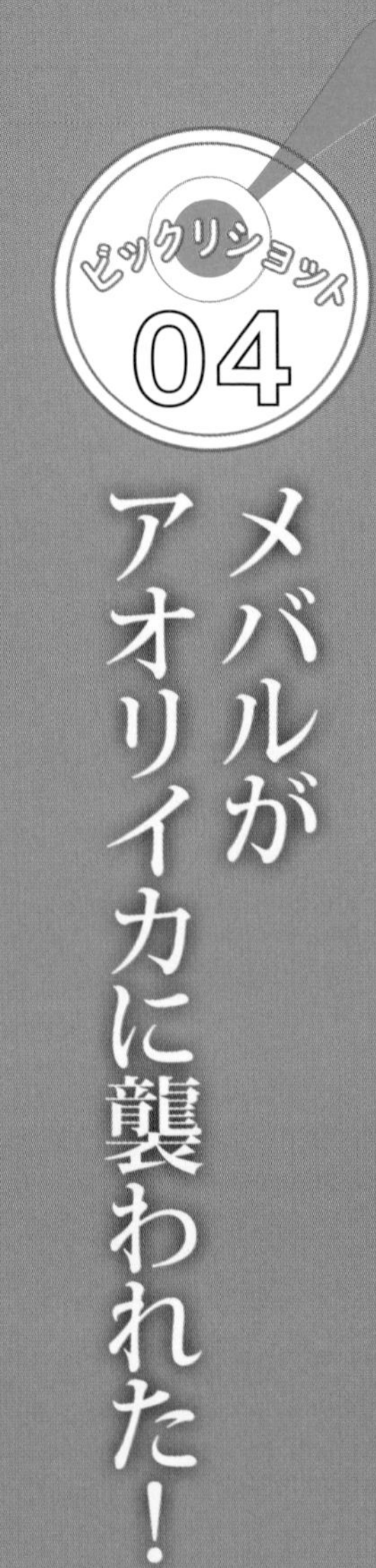

メバルがアオリイカに襲われた！

アオリイカというのは、自分と同じ大きさの魚なら餌として襲います。

つまり小型のメバルが餌なのです。ところがメバルのほうも抵抗するので、ご覧のようなアオリイカのカラストンビで噛まれ、白い傷だけが残ってしまったのです。

アオリイカが襲った際、まず魚の頭を噛んで首を落とします。この傷の映像を見て感じたことは、アオリイカがメバルの首を噛んで、首を落とそうとしたのです。完全に落とせれば、ゆっくりと食べられるからです。ところがメバルのほうも、そうやすやすとは負けていません。激しく抵抗して逃げ出したのです。

春先の海は、メバルの白い傷のついた姿をあちこちに見かけます。また岩棚の下を覗くと、傷を負ったメバルが、静かに養生しているシーンも見掛けます。

アオリイカに噛まれたメバル

メバルも食われるばかりではない。ハッチする赤ちゃんをねらって次々に捕食する

死んだメスダコをオスが食べる？

これもショッキングなシーンです。

死んだメスダコを、オスが食べているシーンです。タコというのは、下の写真にあるような死肉を食べる、スカベンジャー（死肉食）です。つまり日常は、生きた魚やイセエビを食べているのですが、空腹になると、死んだ魚やエビ・カニなどを漁ります。つまり海の掃除屋といってもいいでしょう。

この写真のメスダコは産卵が終わり、赤ちゃんを孵化させた後、使命を果たし、体力を失い、あっけなく死んでしまったのです。

ところで、そのメスの死体を食べているのは、相方のオスなのでしょうか？

そうでないという見方もあります。つまりカマキリのメスが交接をした後、相手のオスを食べてしまうということがあります。しかし、このオスダコは相方のオスではありません。まったく関係のないオスです。では、なぜ同種のタコを食べてしまうのか、それはタコがスカベンジャーであり、メスダコの死体は、栄養価の高い効率の良い餌だと思ったからでしょう。

メスダコの死体を食べるオスダコ

産卵を終えて死んだばかりのメスダコ。他のタコのほか魚やイソギンチャクなど多くの生き物の餌になる

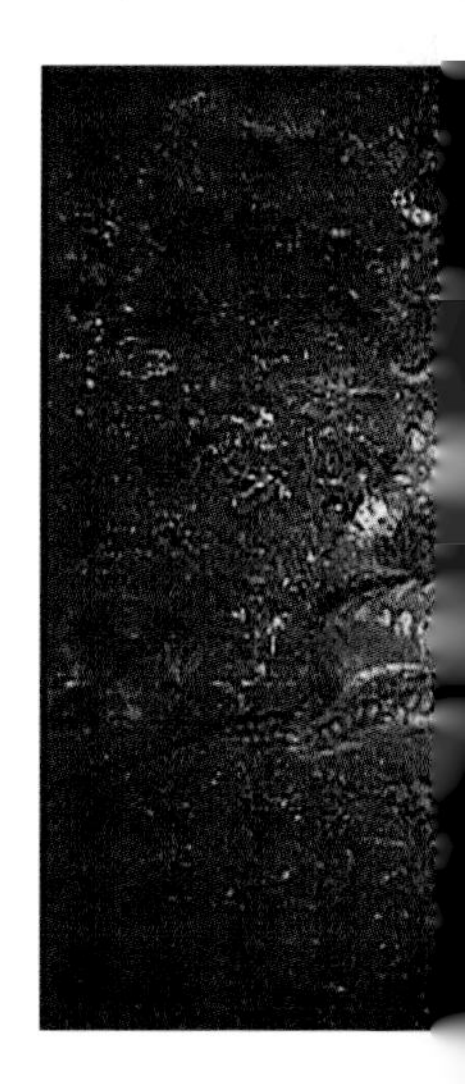

タコはスカベンジャーである

タコがコブダイに餌を与える？

これはコブダイが、マダコからもらった餌を食べているシーンです。

場所は千葉県の波左間の海底です。なぜコブダイがマダコの餌を食べているのか？

そのことを説明しましょう。

それはマダコの習性にあります。マダコは、自分が獲った餌が余ると、カワハギやベラなどに与えます。それはカワハギやベラから、嫌がらせを受けないためです。つまり防御のために与えているのです。

ところがコブダイのような大きな魚となると、直接、自分を傷つける可能性が高い。その危険を感じているマダコは、自分の巣からなるべく遠い所、つまり七、八メートルも先にある場所まで、わざわざ餌を持って行って危険をまぬがれるために餌を与えているのです。

マダコにそんな習性があるなんて、これまで私は知りませんでした。それと今まで、そんな報告を聞いたこともありません。そのため、この行動を見て私はとても驚きました。

つまりマダコは、常に自分と周囲の魚達とのコミュニケーションをとり、身の安全をはかっていたのです。これは素晴らしい知恵だと思います。

ところが、もっと驚いたことがあります。

このシーンを撮影していた時、カメラを向けている私に向かって、マダコが「お前はもっと目障りだ！」と言わんばかりに、私を目掛けて墨を吐きかけて来たのです。魚達には餌ですが、私には墨で攻撃してきたのです。これには驚きました。

タコを襲っているのではなくタコからもらった餌を食べている

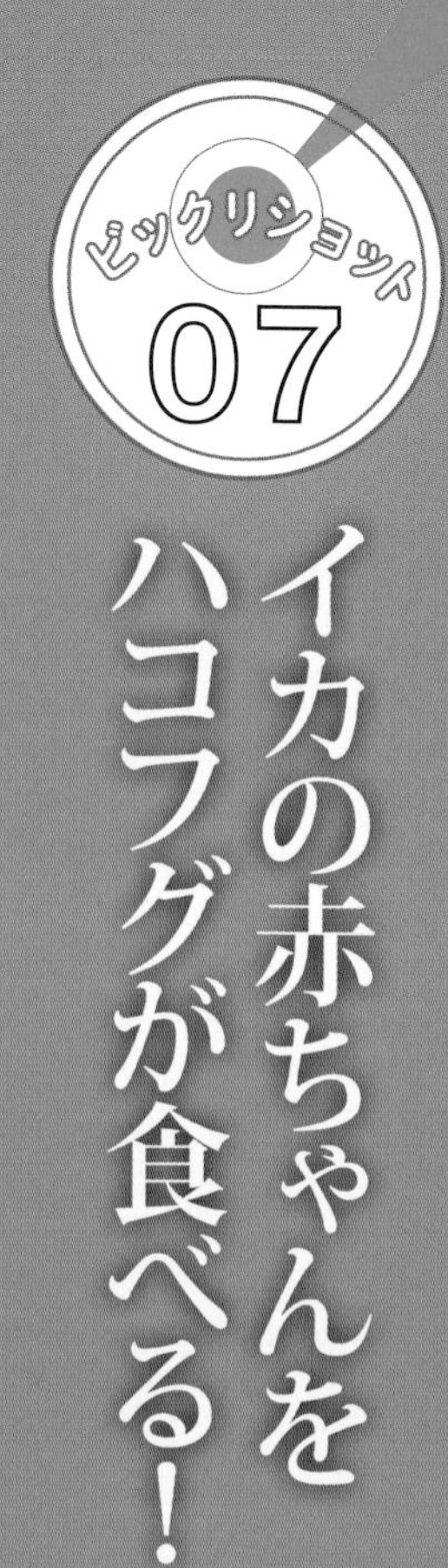

イカの赤ちゃんをハコフグが食べる！

この卵を食べている魚は、大瀬崎の海底で見たハコフグです。

ハコフグは、タレントの「さかなクン」がかぶって人気のトレードマークになっているので、知っている方も多いでしょう。

このシーンを撮った理由は、かつてイカの卵はカンテン質に包まれているため、魚などの捕食者にとっては苦手である。そのため食べない、という話を聞いていたからです。

ところが、この二枚の写真にあるように、イカの卵を魚達が食べているのです。

ことにハコフグの口を見ると、アオリイカの赤ちゃんを吸い込んでいるのがよく分かります。まるで赤ちゃんを吸い込むために口の形も、都合良く作られているかのように見えます。

またマレーシアのシバダンの海底でも、テンツキチョウチョウウオが、海底に沈んだヤシの木の根っ子に産みつけられたアオリイカの卵の中の赤ちゃんを食べています。つまりイカの赤ちゃんは、栄養価が高く、魚達にとっては貴重な蛋白源なのです。

果たしてカンテン質の役割はいったいなんだったのでしょうか？

ハコフグがアオリイカの卵から赤ちゃんを食べている

テンツキチョウチョウウオもカンテン質の卵をくわえている

ワンダーパスの派手なカーテンにビックリ！

この派手な色彩のタコは、ワンダーパスという名のタコです。

インドネシアのバリ島のトランバンというサンゴ礁の海で撮影しました。このタコは、主にサンゴ礁に生息するタコで、昼間でも餌を獲るために、砂の上に出て来ます。体長十五センチ程で、とても小さなタコですが、いったん動き出すと足（腕）が長いものですから大きく見えます。その足は、砂地や岩の下にある穴に、絶えず差し込んで、エビやカニなどの餌を探っています。まるで触覚のようです。

すると穴の中にいるエビやカニは、慌てて外へ飛び出すと、今度は、足の根元からある膜の先端をパーッとカーテンのように大きく開き、相手を包み込んで逃がさないようにしてしまうのです。その膜の色は、まるでカーテンの花が咲いたように鮮やかです。こんな行動をするタコを、私は今まで見たことがありません。

パッと腕の膜を広げて獲物を捕らえる

普段は絶えず足を砂や岩の穴に差し込んでいる

周りに敵がいないか
目を上げて安全を確
認する

ワンダーパスは体で卵を育てている！

魚には、マウスブリーダーと呼ばれる魚がいて口の中で幼魚を養育します。しかし、卵を自分の体に付けて養育している魚は少ないでしょう。

このワンダーパスは、フィリピンの海底で撮影したものです。

体長十五センチと小柄なタコで、砂利や砂地に生息します。時には大きな魚が現われると、派手な色彩や動きで相手を驚かせたり、相手を撹乱したりします。

ところが産卵期になると、このタコは、何と自分で産んだ卵を体に付けて保護し、孵化するまで育てるのです。それも膨大な卵の数で、この母性にはビックリしました。

下から見るとこんな感じ

卵を体に巻き付けるワンダーパス

一瞬の内に巣へ引きずり込む

餌を求めて砂地を移動する
スナダコ

マダコがスナダコを襲う！

これはマダコが、スナダコを襲っているシーンです。伊豆の大瀬崎水深五メートルの海底で撮影したものです。それは一瞬の出来事でした。

スナダコが、マダコの巣に近づいたとたん、マダコの触腕が、あっという間にスナダコを抱きしめ、強引に巣の中へ引きずり込み、食べ始めたのです。想像もしないシーンでした。

想像しないというのは、どういうことかというと、以前、マダコの子供が、大人のマダコの巣に近づいた時のことです。

「危ない。大人に襲われる」と思いました。それはタコが共食いをする習性がある、ということを聞いていたからです。

ところが大人のマダコは、なんと触腕で子ダコに触れ、匂いや肌合いを確かめ、同種と分かると、外へ行けというように巣から外へ押し出したのです。だからタコは子ダコを食べることはないと安心していたのです。ところが、マダコがスナダコを襲ったのです。それは両者が他種のため、マダコはスナダコを餌と見て、襲ったのです。この襲撃シーンには、思わず呆然とさせられました。

アミダコは中層を泳ぐ！

このアミダコの体長は十五センチ程です。

普通のタコと違って、生きている時は、写真には表われていないのですが、胴の部分を腕でしっかりと巻き付け、まるで兜を被っているようです。その胴の部分もザラザラとしていて、他のタコの肌とは大きく異なっています。それと、このタコの特徴は容姿だけでなく、海の中を泳いでいる位置にあります。

例えば、マダコは海底を泳ぎ、タコブネの仲間は水面近くを泳いでいます。しかし、アミダコは、何と中層を泳いでいるのです。

それと、このタコは、タコブネのように体に殻は持っておりません。その代わり、腕で胴を包み、タコブネ同様に漏斗から水を吐いて泳ぎます。

この光景を千葉県の波左間の海で見た時はビックリしました。とてもユニークなタコなので、極めて貴重なシーンだと思っています。

兜をかぶったようなアミダコ

ホタルイカは、本当に「身投げイカ」なのか？

このホタルイカは、二月の寒い相模湾で撮影したものです。

この日、私は潜ろうとして、ふと海岸の足元に何かいると気づいたのです。それはエントリーする岸壁に、ホタルイカの大群が押し寄せていたからです。

「なぜ、こんな所にホタルイカが？」

まさに岸壁は、ホタルイカで溢れていました。こんな状況では、果たして海の中はどうなっているのか。そう思って潜ってみると、視界いっぱいにホタルイカの大群です。こんなことは初めての経験でした。

その時、感じたことは、このまま大群が岸に打ち寄せると、死んでしまうのではないかということです。そういえば、かつて「ホタルイカは身投げする！」という話を聞いたことがあります。

それだけに、この岸に打ち寄せる大群にはびっくりしました。そして死を予感しました。しかし、打ち上がったのは少数だけでした。

それでも、自ら岸に打ち上げれば、それはれっきとした自殺行為でしょう。

ホタルイカ以外にも、自殺するといわれるイカがいます。隠岐の島などのソデイカがそうです。オスとメスのペアが一緒に海岸に打ち上がるため、「心中イカ」とも呼ばれています。

しかし人文博物館の萩原清司先生は、本書の私との対談の中で、「自殺ではなく、イルカやスナメリなどに追われて来たのではないか」と言っています。私もイワシなどの小魚を追って岸に寄って来たのではないかと思っています。

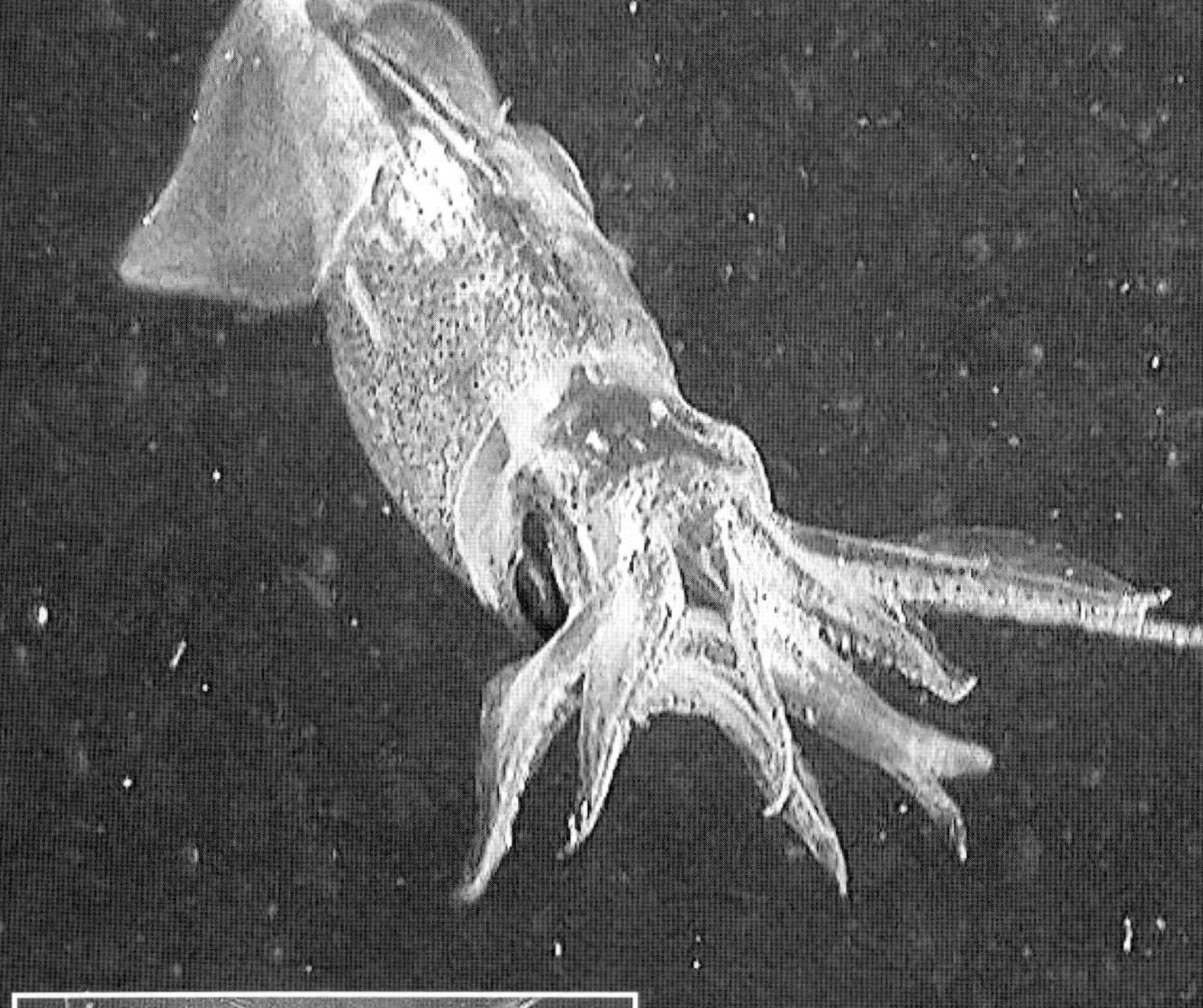
身投げするといわれるホタルイカ

岸寄りの浅瀬に大群で押し寄せる

アルゴノーツの不思議な姿にビックリ！

アルゴノーツ（和名チリメンアオイガイ）を、水中で見たことがある人は少ないでしょう。このタコは、オーストラリアのメルボルンの海底で見たものです。ルーディー・クーターというカメラマンと一緒に、潜った時に撮ったものです。オーストラリアにはマーク・ノーマンという著名な研究者がいます。彼は、この仲間の研究をしています。

潜るきっかけになったのは、そのマーク・ノーマンが、アルゴノーツの好物はナンキョクオキアミで、メルボルンの海岸に打ち寄せて来たから、それを追って来るはずだと言っていると聞き、私はオーストラリアへ飛び、ルーディー・クーターと一緒に潜ったのです。

このタコを見たのは水深五メートルの海底でした。群れをなして泳いでいたのです。

海底に棲むタコと違って背中の腕から船のような形をした貝類を作り出し、それの中に入って泳いでいるのです。繁殖期になると、殻の中に卵を産みつけ、親が死んでも自然に孵化することが出来るのです。とにかく面白い姿と生態を持ったタコがいるものだと思って見ていました。

奇妙な姿のアルゴノーツ(チリメンアオイガイ)

貝殻は保育器で、割れやすいので外套膜で保護している

泳ぐ姿は一見するとタコには見えないだろう

カニに食べられているチリメンアオイガイ

味は淡泊で、ちょっと苦いけど、味わい深いものでした。ちなみに、このチリメンアオイガイを食べたのは、日本人では私だけだと思います。この味は生涯忘れられないものでした。

このシーンは、南オーストラリアの海辺で撮ったものです。

この写真を見たら、チリメンアオイガイは死んでしまったと思うでしょう。ところが、そうではないのです。確かにチリメンアオイガイの個体は死にましたが、前ページで紹介したように、殻の中には生命が宿っていたのです。

そこで、この殻を家へ持ち帰り、水槽に入れたところ、殻に付いていた卵からチリメンアオイガイの赤ちゃんが誕生したのです。これには仰天しました。まさに驚異の生命力でした。

ところで、研究心から、このチリメンアオイガイの死体を食べてみました。

すっかり中身を食い尽くされた残骸と思いきや

カニに食べられる瞬間のチリメンアオイガイ

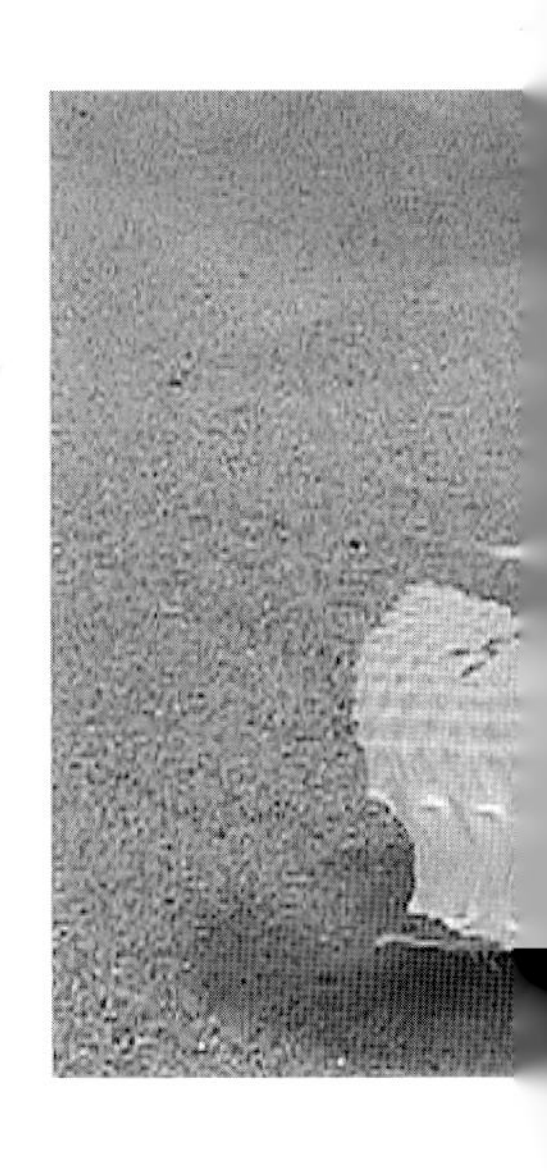

貝殻に産み付けられた卵は無事だった

海面近くを泳ぐタコブネ

東京湾でも見られるタコブネ

タコブネは東京湾でも見ることがあります。でも、見た人はごく少数でしょう。

水面近くを泳いで生活しているタコの仲間です。私が近づくと、素早く逃げるのですが、その姿が面白いのです。それと、これまで見たこともない姿なので、つい追いかけたくなって撮ったのです。

このタコブネは、北は北海道から南は九州まで生息しています。定置網に良く入りますので、漁師さんの自宅の玄関には、その殻が珍しいということで置物にして飾ってあります。見る機会があったらじっくり観察してください。とても興味ある殻です。

タコブネは水面近くを泳ぐ

敵に対して、ドロドロの汚物を吐く！

このシーンは千葉県の波左間の海底で撮ったものです。マダコが私に向かって汚物を吐きかけたのです。それは私がマダコの生態をしつこくカメラで追ったため、身の危険を感じたのでしょう。

マダコの場合、自分の隠れ場所を二つか、三つ持っていて、危険を感じるたびに、その場所を変え、逃げ回ります。ところが私は、その後を追いかけるため、そのしつこさに怒りを発したのです。

最初は、私に対して墨を吐き、「この野郎、向うへ行け！」という感じでした。ところが、私はひるまない。そこで、また二度、三度と墨を吐いて威嚇しました。ところが私もまったく動じない。そのため吐く墨も薄くなってしまったのです。

マダコも呆れたと思います。

そこで最後の手段として、漏斗からドロドロした汚物を私に向かって吐き掛けたのです。「糞でもくらえ！」とでも思ったのでしょう。まさに怒り心頭に達したのです。しかし私はカメラマン。目的の写真が撮れるまで絶対に引き下がらない。まさにタコにとっては「あっちへ行きやがれ！」と怒りの汚物だったのでしょう。

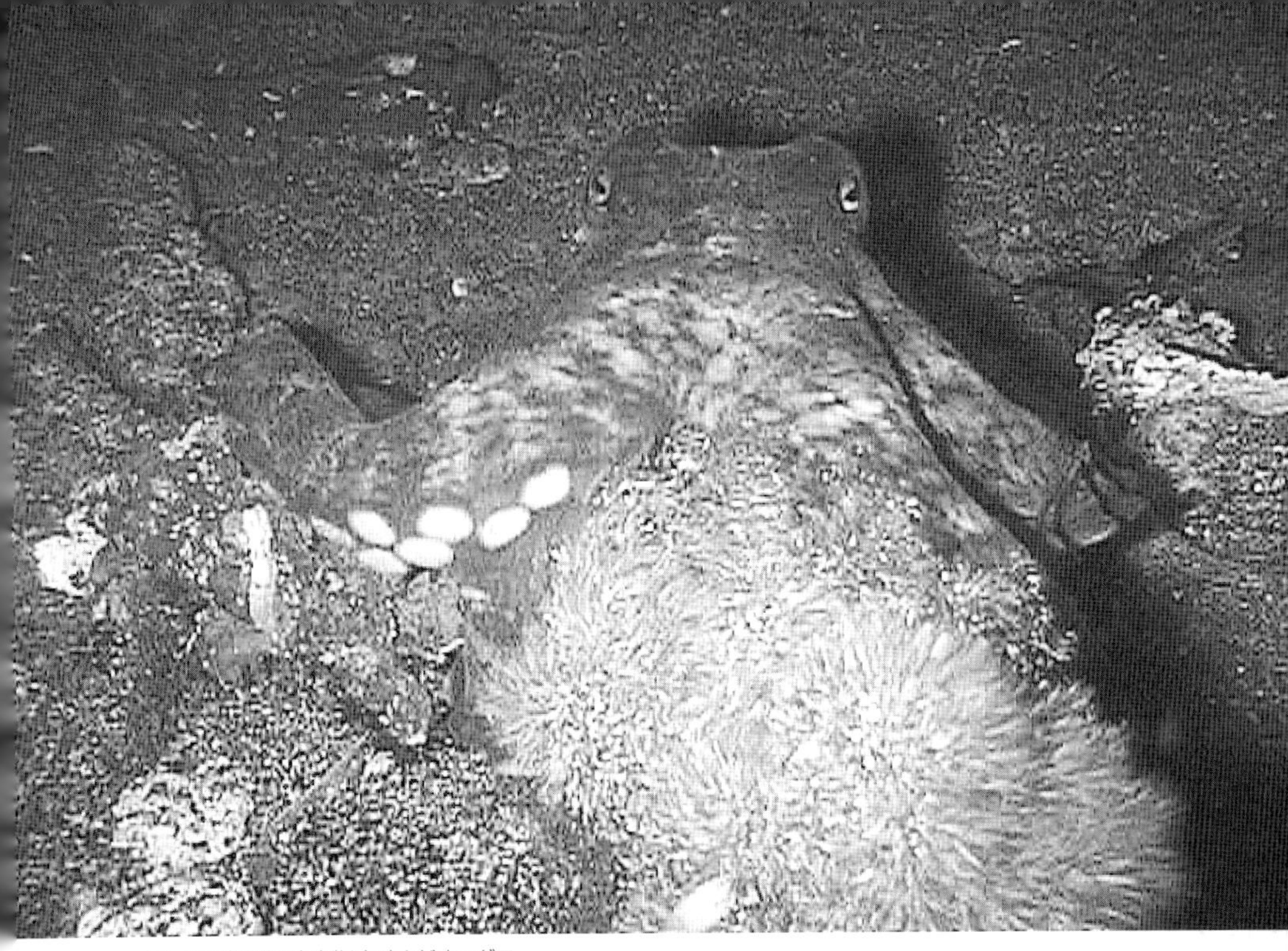

怒って汚物(胃の内容物)を吐きだすマダコ

嫌な奴にはあっち行け！
と汚物を吐き出す

コウイカも墨とは違う胃の内容物を吐き出すことがある

襲いかかるウツボに墨を吐いて逃げるアオリイカ

逃げられなければアオリイカも
こうして食われてしまう

ウツボに襲われ、墨を吐くアオリイカ

このシーンは伊豆・田子湾で撮影しました。

ウツボに襲われ、アオリイカが墨を吐いて逃げ出すところです。こんな光景は、今まで見たこともありません。

この墨攻撃に、ウツボは慌てて逃げて行きました。

イカの吐く墨の煙幕には、魚の嫌う物質が含まれているといわれています。またウツボの目をくらます役割も果たしているのでしょう。ウツボにとっては、とんだ災難です。

ところが、ウツボが嫌う墨も、人間にかかっては大助かりの存在です。つまり「イカ墨」と呼ばれ、料理の一役を担っているからです。さらに、その墨には、プロテオグリカンという抗癌作用があることでも知られています。さすがのアオリカイカも、このことだけはご存じないでしょう。

テナガダコがイカの姿に変身した！

このテナガダコの写真は、マレーシアのマブールの海底で撮りました。

テナガダコが、まるでイカのように擬態をしているのを面白いと思ったからです。しかし、どうしてタコが、イカの真似をするのか良く分かりません。

真似をすると何かご利益になることがあるのか、タコに聞いてみなければ分かりませんが、面白い姿であることは確かです。先祖が一緒であるということで、イカに変身したのかも知れませんが、ヒョウモンダコでも棒のように体を伸ばしてイカの真似をしますので、海の中で出会ううちに、敵の目をくらますために真似をしたのかもしれません。とにかくユーモラスな擬態のシーンです。

イカのように胴体を尖らせるテナガダコの仲間

ヒョウ柄模様のヒョウモンダコは小型だが唾液腺および筋肉・体表に猛毒のテトロドトキシンを含むことで知られる

この姿は、とてもタコとは思えない

アオリイカが乱舞する交接シーン

このシーンは、伊豆の海で、五～六月に展開するアオリイカの交接シーンです。

このシーンを説明すると、上にメスがいて、下にオスがいます。

通常は、オスが上にいて、下を泳ぐメスを見つけると、アプローチをかけ、一緒に泳ぎ出します。メスがＯＫすると、オスがメスの下に回り込んで、メスと交接します。つまり自分の精子のカプセル（精莢もしくは精包）を渡そうとするのです。

ところが、そのような時に、必ずといっていいほど大きなオスが現われて、メスを巡っての争奪戦になります。戦いは自分のほうが体は大きい、模様が派手だというように自分表現といいますか、自分を誇示します。この戦いは陸上の猛獣と同様に激しいもので、絶好のシーンです。撮っていても見応えがあります。

その状況を、メスはじっと眺めています。

勝負の結果は、後から来たオスのほうが強かったり、優れていたりします。すると前のオスはすごすご退散します。ところが、未練がましくいつまでもついて来るオスもいるのです。

オスとメスの相性は、イカ同士で確認します。気が合うと、メスは前に二歩進んで一歩下がり、また二歩進んで一歩下がりの行動を繰り返します。その場所は、産卵場の近くで多く見られます。この場合、相手を決める決定権はメスにあるのです。

そしてメスに向かってオスが交接します。交接時間は数秒です。ただ、その前に強欲なオスは、メスが前のオスの精莢を持っていないかどうかを調べます。持っていたら、それを掻き出してしまうのです。自分の遺伝子をどこまでも残したいという強い願望なのでしょう。

上にいるメスに下から交接を迫るオス

カイメンに卵を産むスジカイメンに卵を産むスジコウイカ

カイメンの中に卵が見える

スジコウイカがカイメンの仲間に産卵！

このシーンを撮ったのは、九月の相模湾の海底です。これまでスジコウイカが産卵している場所を、研究者も、ダイバーも、誰も知らなかったのです。

ある日、私が潜っていたら、そのスジコウイカのペアが、カイメンの周辺をゆっくりと泳いでいました。そんな光景を以前、何度か見かけていましたが、今回は、真剣に内部を覗き込むような行動を何度も繰り返すので、「あれ？　もしかすると産卵場所を探しているのかも知れない」と思ったので、注意深く見ていました。

それというのはスジコウイカが、丹念に、カイメンを覗き込んだり、触手で内部を触ったりしていたからです。「これは何かある」ということで、カメラを構えました。するとメスがカイメンの中に十本の腕を突っ込み、卵を産み付けるような仕草をしました。しかも一連の行動が終わった後、腕を水面方向に向けて上げ、粘液のようなものを吐き出したからです。

「ああ、産卵したんだ」と思って中を覗くと、案の定、米粒より小さな白い卵がありました。そこでカイメンの中に、白い卵を産むシーンを撮ることができたのです。

カイメンというのは、新鮮な水を取り込み、使用済みの水を排出するため、水中ではフィルターの役目を果たしています。この環境は、イカの産卵場所として最適です。また出入りの穴も小さいため、外敵の攻撃にも遭わなくて済みます。

つまりアオリイカのように、ヤギに大量の卵を産むのではなくて、卵が少なくても安全な場所に産卵するという一種の知恵なのです。このカイメンへの産卵は、オーストラリアのオペラハウスの桟橋の海底でも見ました。そのことを地元の研究者に教えてやったら、非常に驚いていました。外国でも珍しい発見だったのです。

卵を産んでいる時でも吸盤が確認している

このシーンは、マダコが産卵した直後に、卵を吸盤でチェックをしている光景です。

ここでタコの腕の説明をしましょう。まず腕の吸盤を三分割します。一つは口元の所にある大きな吸盤です。これは強い吸盤で、物を吸い付けたり、また岩や砂などを掘り起こしたりします。

次に中ほどの吸盤は、太目の吸盤が終わる所にある二つの吸盤を境に物を吸いつけて運んだりします。例えば卵を抱いていて天井に貼り付け、安定させたりします。そして、先端の触手の吸盤は、絶えず卵の管理をします。いわばメンテナンスをするという具合です。つまり卵が健康か、死んでいないかを調べる役割を果たしているのです。

そしてオスは、メスと交接する時にも、足の先端の触覚が大きな役割を果たします。

そのためウツボに食いちぎられるたりすることもありますが、タコの腕は便利なもので、食いちぎられると、またそこから一本だけでなく、何本も再生されるのです。いかに大切な器官であることが分かると思います。

令和二年十二月に9本の腕を持つマダコが発見され、話題になりましたが、まさにそのマダコこそがそうなのです。

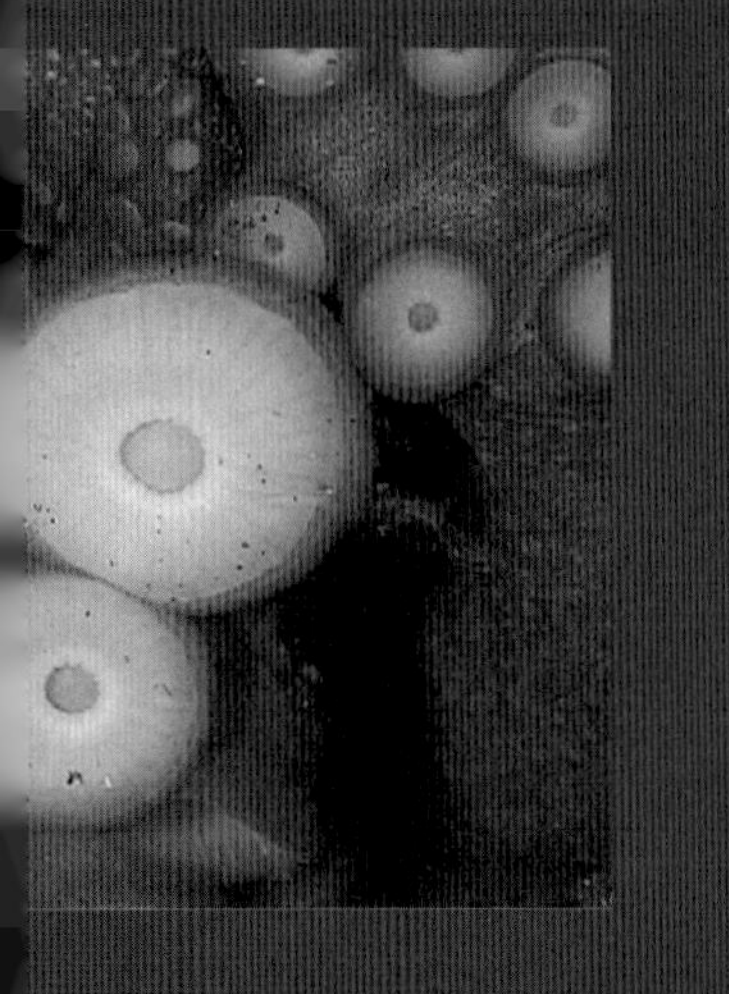

産んだ卵を触手でメンテナンスする

吸盤は吸い付くだけではなく
多様な役割を果たす

岩棚の下で卵を守るメスダコ

見事に自力で孵化する

ヤシの木の根っこに産み付けられた卵から孵化した赤ちゃん

コブシメの赤ちゃんが大海へ泳ぎ出す

このシーンは、インドネシアのマナドの海底で撮ったものです。卵からコブシメの赤ちゃんが誕生したところです。誕生する際は、コブシメの体の先端にある、軟骨を使い、卵から脱出します。ところが、脱出した赤ちゃんを守ってくれる親はいません。そのため外敵の魚などに襲われる心配があります。しかし、この孵化の時間は、夕暮れ時が多く、赤ちゃんの生命に危険がないよう時間を選んでの孵化なのです。

孵化した赤ちゃんは、単独が多く、群れをなすことはありません。ただ生まれた赤ちゃんは、海底でゴロンとしていますが、しばらくすると周囲にいるヨコエビ類などを触腕で捕らえて食べます。そして、体力がつくと水中を泳ぎ、コブシメの赤ちゃんとしての生活を始めるのです。そして一人前になるためには、多くの危険が待っていますが、それに負けず大人となっていくのです。

立派に成長したコブシメ。周囲に溶け込んで擬態している。威嚇しているという説もある

第二章

イカ・タコ ビッグ対談

イカ・タコについて
大学名誉教授や海洋学者、
釣り人、漁業関係者などに、
その魅力を語ってもらいました。

新発見！　タコの卵はどこから出るのか？

タコの産卵シーンを撮影していたら

イカ・タコを語る場合、学界の第一人者、奥谷喬司氏（東京水産大学名誉教授）を抜きにして語れない。今、世界で、イカ・タコの研究がどこまで進んでいるのか。また、私が海底で見た、彼らの摩訶不思議な生態をどのように感じられたのか、そのことをお聞きしたいと思っています。

――今回、この本を出すに当たって、とても不思議な経験をしたものですから、ぜひ先生にお聞きしたいと思っているんです。

奥谷　そうですか。私で分かることでしたら、お答えいたします。

――それは今から三年前の五月です。館山湾の波左間の水深十七メートルの海底で、マダコの産卵シーンを撮っていた時なんです。時間は夕方の四時です。産卵するマダコは、もう胴体が卵で膨れ上がっていて、今にも始まりそうなんです。そこで卵を全部産み落とすまで撮ってやろうと思って、タンクを何本も用意してカメラを向けていたんです。そして、いざ産卵が始まった時、卵が漏斗の上部の隙間から出始めたんです。

奥谷　え、漏斗ではないんですか？

――ええ、そうなんです。従来の説ですと、産卵する時、卵は漏斗から出るといわれていたものですから、どういうことだろうと思ったんです（と、その時の映像をお見せする）。これまで、タコの産卵は、漏斗からということが常識でしたよね？

奥谷喬司氏

●東京水産大学名誉教授

東京水産大学卒。東京水産大学名誉教授。日本貝類学会名誉教授。イカ・タコ・貝類海洋生物に関する学術論文、約450篇のほか『イカはしゃべるし空を飛ぶ』は4万部以上出版されている。イカ・タコ第一人者。

奥谷　そうです。これまでは、イカ・タコが、体内の排泄物を出すのは漏斗以外にないというのが定説なんです。これまでに出版された本でもそう書かれていました。だから外套膜の切れ目から水は入りますけど、そこからものを出すということは、今まで誰も考えていなかったんです。でも、この映像を見ますと、漏斗はフリーで動き、卵が出て来るのは、確かに外套膜の切れ目ですね。ところが、以前の考えでは外套膜は新鮮な水が入る場所で、出る場所ではない。おそらくイカ・タコの専門家は、皆そう思っていると思いますよ。この映像を見ると、そうではなくて漏斗は水を吐き、外套膜の縁から卵が出ている。これは新発見ですね。

――そうですか。ありがとうございます。これまで漏斗から大量の卵を産むとなると、漏斗がボロボロになると思うんです。ところがそうでない。それとマダコの腕が最初は無傷だったんですけど、産卵が終わるころには、二本の腕が傷だらけなんです。

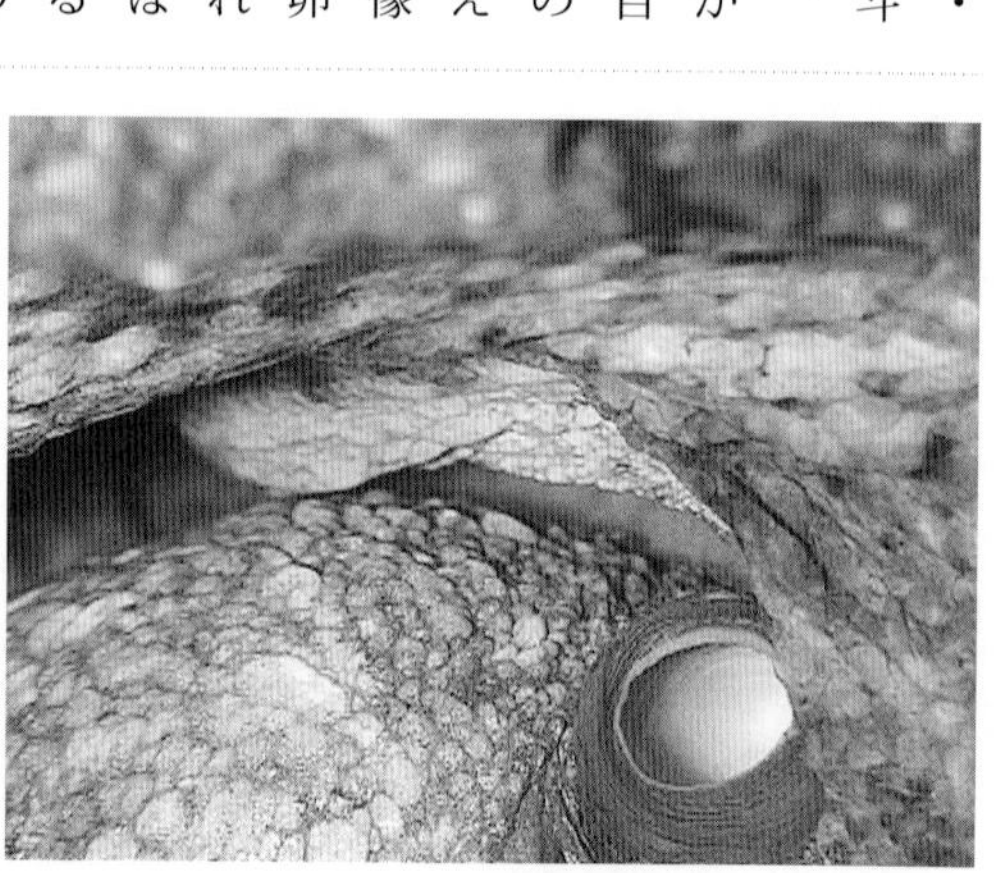
新発見！　白い卵は漏斗の上の外套膜から直接出ているのが見える

奥谷　それは産卵した卵を天井の岩にしっかり張り付ける時に傷ついたものではないですか？

――そうすると「タコの体の構造図」（110ページ参照）を見ますと、外套膜の中には外套腔があり、そこに生殖巣の口が開いていて、そこへオスダコが精子を送り込み受精する。受精した卵は卵巣から外套腔から外套膜の隙間から外へ出る。ところが、そのタコの卵は、すべて糸で繋がっていますけど、それはどうなのですか。これまでは漏斗から出た卵を吸盤で編むという説がありましたけど、卵は漏斗から出て来ない。つまり、その糸は卵巣の中ですでに作られていたということなんですか？

奥谷　そうですね。卵が葡萄状になっているのは、卵巣の中ですでに作られたものでしょう。

――私も実際に、葡萄状の卵を引き出して見ましたが、すでに糸状のものは付いていましたからね。

奥谷　これは貴重な映像を見せていただきありがとうございました。

――いや、タコの卵が漏斗からでなく外套膜の縁からという説を、素人考えの私が言ったのでは、誰も信じない。そこで、ぜひ先生に、その映像を見ていただいたわけな

んです。

奥谷　これまでの説では、誰に聞いても卵は漏斗から出るというでしょう。ただマダコの場合はそうでも、アオリイカやケンサキイカはどうなのか、ということですよ。

――それは漏斗のような口ではなく、脇の外套膜の隙間だと思います。漏斗からではありません。

奥谷　そうですか。やはり卵は漏斗から出ないのか……。

――他のイカ・タコの本を書かれた先生方はどう考えられているのですか？

奥谷　その点が、曖昧ですね。いやぁ、今日は良い映像を見せていただきありがとうございました。これで従来の卵は漏斗からという説を、水中カメラマンの尾崎さんが完全に覆したということになりますからね。

――いや、先生に認めていただいて、本当にありがとうございます。

「イカ・タコの奥谷となった理由は？」

――ところで、先生にお聞きしたいのですが、イカ・タコに興味を持たれたのはいつ頃ですか？

奥谷　よく聞かれる質問です。実は私は貝が専門なので、最初からイカ・タコに興味があった訳じゃないんです。

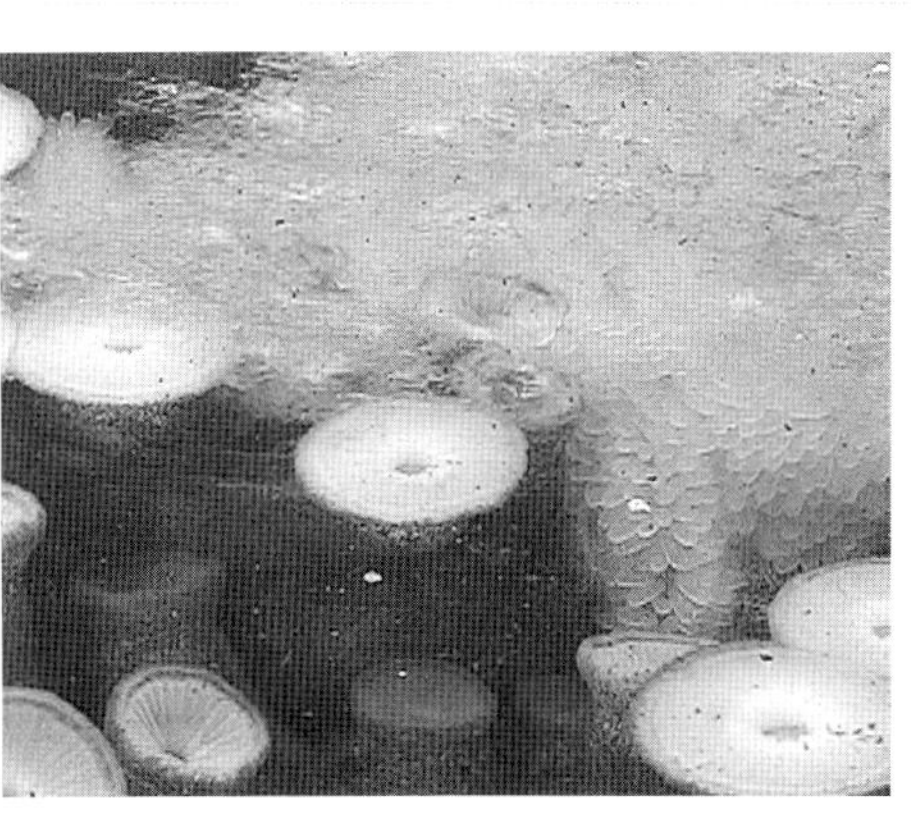

溢れ出た卵をマダコが吸盤で岩棚の天井に貼り付ける

――そうだったんですか？

奥谷　ええ、私は昭和二十九年三月に東京水産大学を卒業して、水産庁東海区水産研究所へ勤めたんです。当時、東海区水研ではイワシやサバ、アジ等の魚が中心の沿岸漁業資源の研究だったんです。ですからイカは東海区水研の資源研究の重要な対象の中には入っていなかった。

――そうだったんですか（笑）。

奥谷　ところが、私がイカに関係するようになったのは、当時、部長をしていた中井甚二郎先生が「君は軟体動物に興味を持っているんだろう。それだったらスルメイカをやったらどうか。今、誰もスルメイカの卵や稚仔の研究をやっていない、君がやったらどうか？」と勧められたんです。つまりイワシやサバ、アジの卵や稚仔の数を調査船で海に出かけて行き、ネットに入った、その数をかぞえることで、何年か先の漁獲量が推定することができる。それがメインだったんです。それと同じことをスルメイカでやってみないか、というご指導なんです。

――当時、スルメイカの稚仔の研究資料はあったんですか？

奥谷　なにしろ戦後のことなので、多くの文献や資料が戦災で失われてしまっていました。どの大学や図書館にあったとしても閲覧させてくれるかどうか分からない。そこで戦争被害の少なかったアメリカへ留学したんです。

――アメリカはどちらですか？

奥谷　カリフォルニアのスクリップス海洋研究所です。そこには充実した文献があって、一年間の在外研究で、多くの文献や資料をマイクロフイルムに収めて日本へ帰って来たんです。

――イカの研究は、そこがスタートだったんですか。

奥谷　そうです。いわば、その端緒をつかんだということでしょうね。ただ、日本に帰ってスルメイカの卵や稚仔の研究をしようと思っても、その当時成長したスルメイカの情報が充分ではなかったんです。タコは全国区のスルメイカと違って、北海道や瀬戸内海に面したローカルな漁業資源で、その地域では獲れたタコの研究が行なわれていた。私は、卵や稚仔を中心にやっていたので、はじめは大人のイカ・タコのことが、よく知らなかったんですよ。

――大変でしたね。

奥谷　ええ、ですからイカ・タコに強い尾崎さんから色々言われて、これはいかんとあなたの耳情報を元に勉強しましたよ。

（二人爆笑）。

奥谷　それ以来イカやタコというと、すべての質問が私の処へ来るようになったんです。それ以来ですよ「イカ・タコの奥谷」といわれるようになったのは（笑）。

――そうなんですか。そこで先生にお聞きしたいことがあるんです。コウイカ類の体の後端は、とても鋭くてシャープになっていますよね。あれはイカの幼生が卵から外へ出る時に殻を破るために使うんですか？

奥谷　そうです。

――イカは卵を産みっぱなしにしても大丈夫なんですね。しかし、そういう道具を持たないタコの場合、幼生が卵から出られない。だから親が卵の成熟期を迎えるまで世話をしなければならない。それでも幼生が卵の殻に首が挟まって抜けられないことがある。そこで親が、それを助けるために介護するような習性になったんじゃないかと思うんです。

奥谷　よく殻から出られない仔ダコを見ますからね。

――そのためタコの親が、漏斗から水を吐いて助けてやる。それと面白いことに卵の中にいる仔ダコというのは、もう目が見え

ていて、外の風景が見える。だから危険物が近づくと卵殻から出ないんです。それが本能的に分かっているんですね。

奥谷　そうですか。ところが魚なんかは、孵化して、今、外に出たら外敵に食べられてしまうだろうと思うんだけど、それが分からないから食べられてしまう。

——その点、タコは頭が良いというか、知恵があるというか、周囲への配慮がありますね。

奥谷　そうなんです。それともう一つの視点で見ると、イイダコなんかは大きな卵を産む。ただ数が少ない。だけど生存率が高い。マダコなんかたくさんの卵を産みますが、生存率が低い。それと同じことが魚にもいえます。サケがそうです。サケは大きな卵を産みますが、数が少ない。大卵少産。ところがタラなどは小さな卵をたくさん産む。少卵多産です。これは生物が、子孫を残すための戦略なんですね。面白いものですね。

——私が面白いと思ったのは、タコとの初めての出会った時なんです。小学校の遠足で千葉県の鋸山に登った後、明鐘岬の海岸へ行ったら、漁師のおじさんが竹の手モリでタコを突いている。それを目の前で見て、俄然、興味が湧きました。何かぐにょぐにょしていて、タコって面白いなと思いましたね（笑）。

奥谷　そうですか、今、人気の〝さかなクン〟も、やはり最初に興味を持ったのは、小学五年生の時に出会ったタコだそうです。その姿と生態に感動して、直ぐに私の著書を見たといって手紙をくれたんです。そこで私も返事を書いたら、「奥谷先生から返事が来た！」って。彼とは、それ以来の付き合いなんですよ。

——ところで、それはどんな著書だったんですか？

奥谷　それが分からない。〝さかなクン〟のスライドには、子供の〝さかなクン〟が見ている本の背表紙に、「イカ・タコの話」奥谷喬司著となっていますが、そんな本は実在しないんです。

——え、彼の創作ですか？

奥谷　そうなんでしょうね。

（二人爆笑）。

——でも、タコに興味を持ってもらったのは、ありがたかったですね。今、彼の活躍を見ると本当に良かったと思いますよ。

イカのディスプレーは美しい

——先生はイカ・タコの魅力は、何だと思いますか？

奥谷　そうですね。海の中で見るイカの姿は実に美しい。

——ことにディスプレーする姿が美しい。様々な色彩でメスにアタックするでしょう。

奥谷　そうなんです。変幻自在にスタイルを変えてメスに求愛する。

――それと全身でバックする。そのスピードも素晴らしい。まるでスーパースターですよ。あんな魅力的な生物はいないんじゃないですか。ところで先生に、もう一つお聞きしたいことがあるんです。

奥谷　何でしょう？

――人間が生まれた時は足が短いでしょう。イカやタコも足が短い。それはなぜなのかということです。

奥谷　いや、足の短いイカもいますけど、ダイオウイカやユウレイイカのように足の長いイカもいますよ。

――短いほうが、ハッチした時、有利なんじゃないかと思ったんです。

奥谷　スルメイカの場合、確かに足が短い。でも餌を捕らなきゃならない時使う触腕が最初は二本が一本にくっついているんです。ところが、体長四ミリになると分かれ始め、十ミリになると両方に分かれます。それは他にない変化ですよ。でも、その理由が分からないんです。

タコは貝も大好き。東京湾でマダコが増えているのとホンビノスガイが増えていることは大きく関係しているはず

――なるほど。他に分からないことがありますか？

奥谷　先程、尾崎さんがアオリイカの卵のことをいっていましたが、どのメスも、卵が熟する前にオスから精子をもらっています。その精子と自分の卵子とを、どう交配するのかが分からない。またスルメイカの場合、口の周りに精子をもらっている。卵は漏斗から出すとすると、それをどう交配するのかが分からない。ホタルイカは精子を首筋にもらっています。ところが自分の卵は、腹部の漏斗から出すと考えられていました。それをどうやって交配するのかが分からない。またツメイカのオスは、メスの腹の皮を切ってその中に精子を埋め込むんです。メスは漏斗から卵子を出すとすると、それをどうやって腹の傷の中に埋め込まれた精子と交配させるのかが分からない。だから尾崎さんのように研究熱心なシツコイ人に、ぜひ解明していただきたい。二十本の足の中に特殊カメラを仕込んで、やってみてくださいよ。

（二人爆笑）。

――いやぁ、イカの世界は分からないことが多いですね。例えばアオリイカのメスは、オスと一緒にいる時でも、良いオスが来ると色目を使っている。そのうち他のオスと三回も交接するやつがいる。

奥谷　いやあ、その交接もちゃんとやっているかどうかも分からない。本当に謎だらけの生物なんです。だから尾崎さんのような人の出番が必要になるんですよ（笑）。

マダコのセックスにびっくり！

――マダコのセックスというのは、お互いに顔を見ずに腕だけで行なうでしょう。オスは気に入ったメスがいると近づいて、積極的に攻めます。ところがメスは、懸命にそれを断るんです。しかしオスはなおも執拗に攻めます。そんな攻防が長時間行なわれると、ついにメスのほうが根負けしてしまう。そこで交接が行なわれるわけですが、その最中に、メスは興奮して漏斗を直立させて体を震わせる。そして絶頂期を迎えると、体を震わせたまま悶絶してしまう。そんな光景を見ると、マダコもエクスタシーの絶頂を感じている生物なんだなあと思いますね。あんなセクシーな表情をする生物がいるということに驚きを感じますね。そして、それを見ているこっちのほうも興奮してしまう。

（二人爆笑）。

奥谷　これはタコの知性の問題ですかね。この知性は、昔から研究されています。脳神経生理の問題なんです。タコの知性の問題を専門に研究している学者がいます。例えば『日本のタコ学』で紹介している滋野修一氏や『イカの心を探る』の著者の池田譲氏がそうですね。詳しいことは、この両者の著書を読んでいただきたい。私は水産屋ですので、その辺りのことは彼らに任せているんですよ（笑い）。

交接中のマダコのペア

――いずれにせよ、タコの行動は、とても身近に感じますね。

奥谷　しかし、その行動を知性と見るのか、本能と見るのか、そこに問題があるんです。例えば人間に似ている猿の存在があります。猿は人間に似た知性があるとされています。しかし、お互いが裸でいても恥ずかしがらない。また人の見ている前でも、平気で交尾をします。こんなことは人間社会ではあり得ないことです。だから彼らの行動は、知性というよりも、本能に基いて行動しているといったほうがいいんじゃないですか？

――そうかもしれません。本能なのでしょうね。

地球温暖化でイカ・タコは、どう変わったか?

——さらにもう一つ先生にお聞きしたかったのは、地球温暖化でイカ・タコの世界がどう変わったかということです。

奥谷　令和二年は、日本海のスルメイカは豊漁だったと聞いていますよ。

——私がフィールドにしている東京湾は、温暖化のためホンダワラやアマモなどの海藻類がまるでなくなってしまった。だからアオリイカの生態も変わってしまったんです。

奥谷　そうでしょうね。アオリイカは「藻イカ」といわれるくらい藻を好んで産卵床に使っているので、それがなくなれば、彼らの産卵にも影響がありますよ。

——そうなんです。そこで彼らはホンダワラやアマモの代わりに何を使っているかというと、ヤギを使って、そこに卵を産むんです。それも産む前に、産んでも大丈夫かどうかを、ヤギをゆすって試している。そして抜けないと分かってから卵を産む。ところが第二陣のアオリイカのメスの集団がやって来ると、前の集団の卵を全部引き抜いて、放り出してしまう。そして、まっさらなヤギにして、そこで産むんです。当然、前の卵は流されてしまうし、死んでしまう。

奥谷　殺伐とした風景になりますね。

それと温暖化のせいかどうか分かりませんが、東京湾ではマダコが異常に増えているそうですね。テレビ局が私のところへ聞きに来ましたけど、分からないので、知らないと答えたんですけど、尾崎さんどう見ます?

——増えた原因は餌ですよ。東京湾のマダコの餌はニューヨークの海に棲むホンビノスガイなんです。私も実際にニューヨークで、ホンビノスガイを見てきましたけど、その貝が、東京湾で異常に繁殖している。

奥谷　船のバラストで幼生が東京湾に運ばれたんでしょうね。

——そうなんです。そのホンビノスガイが川崎などの工場地帯のコンクリートの岸壁にびっしりと繁殖している。そのためマダコがそれを食べに来るんです。以前は富津岬までが、マダコの生息の境だといわれて来ました。しかし、今はホンビノスガイの生息海域が東京湾ならどこにでも進出しているんです。だからマダコが増える。いずれ隅田川にもマダコが現われるんじゃないかと思っているんですよ(笑)。

奥谷　温暖化の影響もあると思うけど、それはコンクリート化によって繁殖場所が増えたせいかもしれませんね。

——とにかく温暖化による影響は大きいですよ。川崎の工場地帯の真っ黒い海底にマダコがうようよいるんですからね。だから取材しようと思ったけど、真っ黒な海底でマダコがうようよしているのでは絵にならない。それで取材を断ったんです。

(二人爆笑)。

(2021年1月18日新百合丘の喫茶店)

海での適応能力は天才的だ！

イカとタコの姿形や行動は同じ先祖を持ちながら、なぜ違うのか？江ノ島水族館で、イカとタコを飼育し、研究していた萩原先生に、その謎を聞いてみました。

イカとタコ。どっちに知恵があるか？

——イカ・タコを追って五十年近く研究してきましたが、分からないことがいっぱいあるので、今日は萩原先生に基礎的なことからお聞きし、私が謎だと思っていることに、ご回答をいただけたら幸いだと思います。まずイカ・タコの先祖は、アサリやアワビなどの貝の仲間であることは分かっているのですが、いつの時代から登場したのですか？

萩原　そうですね。古生代のカンブリア紀ですね。

——すると約五億年前にさかのぼるわけですか？

萩原　そうです。最初はオウムガイという共通の先祖が現われました。その後、イカが枝分かれして、その後にタコの登場となった訳です。

——するとイカは水中生活で、タコは底生生活という生態の違いは、その歴史の違いでもあるわけですか。

萩原　そうですね。その違いが姿形となって表われています。例えばイカの場合、海の中層を泳いでいるわけですから、それに合った生態になっており、タコの場合は底生生活なので、岩があ

萩原清司氏

●横須賀市・人文博物館海洋生物学担当学芸員

東海大学海洋学部卒。江ノ島水族館、鹿島技術研究所、海洋バイオクテクノロジー研究所を経て、現在は横須賀自然・人文博物館の海洋生物学担当学芸員。ダイビング歴 41 年。三浦半島を拠点に死滅回遊魚など無効分散する海洋生物の動向などの東京湾や相模湾の生態系について研究するほか、ハゼ類を中心とした魚類分類額の研究を行なっている。

り、砂があり、サンゴがありますから、その環境の中で生きる習性を身につけていったんだと思います。そのためイカとは違った多様性を持っていると思っています。

——そのためイカよりタコのほうが、知恵があるといわれているんですか？

萩原　まあ、両者の知能の差をどう考えていいのか分かりませんけど、タコのほうが様々な環境に慣れていかなければならないので、知恵があると思われたんじゃないですか。ただイカの場合、ヤリイカやスルメイカ、この両者とコウイカ類とでは、また違います。例えばコブシメなどは、底生生活なので体の色彩を変える。片方はメスに対して求愛し、片方は敵に対して威嚇する色に変えるという能力を持っています。

——そうなんです。一匹のイカの体の左右の色が違うんですから、水中で、あの姿を見た時にはびっくりしました。

東京湾にも増えてきたヒョウモンダコ

二人（爆笑）。

萩原　それとコウイカは獲物を追い込んで、追い込んで、射程距離を決めて、最後は獲物を仕留めるでしょう。

——そうです。あれは凄いですね。射程距離を決めると、二本の触腕を捩じって、つまり三本の矢じゃないけど、強く捩じって強靭にして放ち、大物を仕留めます。これらの知恵は実に素晴らしい。天才だなと思いましたよ（笑）。

萩原　それは外洋のいるための環境に適用した例でしょうね。元々イカ・タコの無脊椎動物は、神経線維が人間と違って無いんです。だから有髄神経のある人間と違って伝達が遅い。ところがそれを補うために、独自の神経線維を太くして情報量を多くして、環境に適応するようにしている。イカなどは反射神経の能力が高いし、タコでは環境に対する適応能力が高いうえに、記憶力などの能力も持っていて、進化させていますからね。

——それは素晴らしいですね。それと私はタコの大移動を、観音崎の水深五十メートルの海底で見たことがあるんです。それはもう、上もタコ、下もタコ、まるでタコのじゅうたんが大移動しているような感じだったんです。伝説では「タコの大移動」ということで聞いたことがあるんですけど、見たのは初めてなんです。この行動はどういうことなんでしょうか。教えていただき

たいんです。

萩原　タコというのは、環境により大発生した場合、共食いしないので、そのため餌を求めて大移動したんじゃないでしょうか。新天地を求めての移動だと思いますよ。

——ここ数年、東京湾ではマダコが大発生して、ディズニーランドの裏の海にまでタコが見られます。令和元年は湧いて湧いて、例年の三十倍以上も獲れたといいますからね。

萩原　ただ春先に雨が多いとタコは駄目なんだそうです。それは子ダコが浮上しても、海面が雨で淡水になるために生きていけないらしいんです。

——そうですね。子ダコは淡水に弱いですからね。それと、これは俗説かどうか分かりませんけど、イカが自殺する。つまりイカの大群が海岸へ上がってしまう、ということがあるんですけど……。たとえばネズミの仲間のレミングが海に飛び込んで自殺するような行為を聞きますよね。

萩原　あれは俗説ですよ。レミングは自殺しません。イカが海岸に上がるというのは、イルカやスナメリなどの外敵に追われていたからではないですか。実際、イルカはイカが大好物ですからね。私が江ノ島水族館にいた時、スジイカの大群が海岸へ打ち上がったことがあるんです。そこで職員がバケツにいっぱい取りましたので、私が標本にしようと思ったら、皆、職員で食べてしまった。

二人（爆笑）。

なぜオスが、メスを食べるのか？

——適応能力のことでお聞きしたいんですけど、タコは、他の種類のタコは食べます。例えばマダコがスナダコを襲って食べているのを見たことがあります。しかし、自分と同じマダコの子は食べませんよね。それはどういうことですか？

萩原　それは種の保存ということでしょう。だから、そのタコの匂いとかで、本能的に食べてはいけないということが分かっているんじゃないですか。

——よく死んだメスをオスが食べてしまう、という光景を見たことがあるんですけど、あれはどういうことですか？

萩原　水槽内でも、タコは死んだ魚を良く食べるんです。だからメスが子ダコの孵化を見送って死んだ場合、相手のタコということではなく、他のタコが死んだものを食べるというスイッチが入ったんじゃないかと思うんです。

——私はまた、カマキリが交尾した後、メスがオスを食べるでしょう。その逆バージョンがタコの世界でも起きたのかと思ったんです。

萩原　それは違います。カマキリのメスは、近くにいて動くものは何でも食べてしまうという習性があります。だからオスが、メスに見つからぬように、そっと後ろに隠れて、頃合いをみはからって抱きつき、交尾するんです。ところが、その前に見つかってしまった場合、食べられてしまう例も多いんですよ（笑）。

――まさに交尾するのも命がけですね（笑）。だけど交尾した後、オスのほうは食べられてしまうのですけど、平気なんですか？

萩原　いや、オスは自分の役目を果たしたと思っているんですよ。つまり、子孫を残したということで満足なんじゃないですか。オスには、長生きしようという観念が無いんです。だから堂々とメスの前に現われて、食べられてしまうんです。

――残酷な話ですね。

萩原　いや、それが彼らの世界なんですよ。

――オスは、それで満足なんですかね。

萩原　つまり人間のように個という感覚が、彼らには無いんです。人間のように、私が、私がという観念が皆無なんです。種としてどう生きるか、どう子孫を残すかなんです。それが本能的に分かっているんですよ。

――それはどのタコでも同様ですか？

萩原　そうだと思います。思考による自己主張は無いんです。

――なるほど、種の繁栄のために生きるということですか？

萩原　そうです。死滅回遊魚というのは、種を繁栄するために寒冷の海まで拡散して行くわけです。それで運よく生き延びられれば新天地のパイオニアになれるわけです。ですから種から見たら非常に有効なことなんです。しかし、個で見たら無効ですよ。この辺りが人間と野生の生きものと違いですね。

――今度はイカの話になりますけど……。例えばアオリイカでも、良いオスがいるとメスが交接を中断して、向こうのかっこ良いオスへ行くのも、いい子孫を残すということですか？

萩原　そうです。優秀な配偶者にめぐり逢うことが、彼らの生きることの命題でもあるんです。だから振られたオスに、メスは同情しないですよ。振られたあんたが悪いのよ、という感じじゃないですか（笑）。

――そうするとモテるイカの要素は何ですかね？

萩原　さあ、それはイカに聞かなきゃ分からない。

二人（爆笑）。

――やはり体が大きいとか、色彩が美しいなどの要素があるんでしょうね。

萩原　そうでしょうね。一度、多くのアオリイカを集めて、どういうタイプがモテるのか研究したらいいですね。今、言った要素が含まれていると思いますよ。

――ところがアオリイカの中には、ビギナーのような奴がいて、何度もメスにアタックしても交接が上手くいかない（笑）。

萩原　それはメスに好意を持たれていないからじゃないですか。

――そうなんでしょうね。

萩原　繁殖のチャンスは、彼らにとって一生に一度なんです。だからビギナーもベテランもないんです。全力で頑張らなければならない（笑）。

――モテない奴には厳しい世界ですね。

二人（爆笑）。

スニーカーの存在をどう見るか？

――アオリイカを撮影していて気になる存在に、小さなオスのスニーカーがいます。ただ先生の説では、オスとメスの存在も子孫繁栄のためである。そうなると小さなスニーカーの存在というのは、どう考えていけばいいのか、その点をお聞きしたいのですが。

アオリイカのメスは交接中であっても他のオスに色目を使う

萩原　遺伝子の問題です。つまり強いオスと強いメスの交接による繁栄ですと、遺伝子の幅が狭くなるでしょう。そこにスニーカーが加わると種としての可能性も広がる訳です。例えば水温が低くても生き延びる可能性のある種がいて交接する。つまり種として幅が広がることは良いことなんです。その幅が狭いと、ちょっとした変化でも種が滅びてしまう。つまり幅の広い遺伝子を持っている種が、繁栄を続けていくということなんです。

――なるほどね。これは人間の社会でも通じることだと思うんです。例えば百人の人がいたとします。何か物事を決める場合、必ず反対する人がいる。また人を中傷したり、協力しない人もいる。つまり困り者ですね。なぜこういう人が存在するのか。不思議でならなかったんです。むしろ社会に害をなす存在だと思っていたんです。ところが脳科学者の中野信子氏は「独りの指導者に全員従った場合、もし間違った方向へ行ったら、全員が死んでしまう。人間の種を継続するためには、困り者の存在は、一種の保険になる」といったような意見を述べているのですが、まさにスニーカーの存在は、人間社会の困り者に似ていますね。

萩原　そうですね。

――いや、実際、イカを撮影していて、スニーカーの存在が気になって仕方がなかっ

たのですが、先生の話を聞き、ようやく理解することができました。

萩原　とにかくイカ・タコの世界では、無駄ということが無いんです。

――そうですね。イカ・タコの生態にも、それなりの深い意味があるんですね。

タコの知性について

――タコの知性というか、能力についてお聞きしたいのですが、同じ海で生活している魚と比べると、かなり知性の差を感じるんですが、いかがですか？

萩原　イカ・タコは頭の回転が速い。これは無脊椎動物の中では一番だと思います。それと人間が手を使うことで脳が発達したように、イカ・タコも手足を使うことで行動パターンが増えていきましたよね。その中から最善のものを選ぶから、とても賢く見えるんです。例えばマグロは沖を猛烈に速く泳ぐことはできるけど、それ以外は何もない。つまり行動パターンがかなり狭いんです。そのパターンをたくさん持っていることが、賢く見えるということにつながるんです。決して思考をしている訳ではない。学習する能力が高いんです。しかし、水槽などで学習能力を与えない環境で飼育すると、それはできないですね。

――やはり学習しなければ駄目なんですね。

萩原　そうだと思います。

――先生にお見せした映像の中にマダコが近づいた魚に、自分の触腕で餌を与えているシーンがあったでしょう。普通、自分の餌を魚に与えないですよ。どういうことですか？

萩原　それはタコ自身が学習したんでしょうね。例えば餌を与えないために、魚から噛みつかれたとか、そんな嫌なことがあって、それを学習したので実行したんでしょう。

――それと大きなコブダイには、餌を五メートル先の遠くまで持って行って与えていますね。

萩原　それも危険が自分に及ばないように、という学習能力からの行動でしょうね。

――ところでマダコの寿命は何年ですか？

萩原　一年前後ですかね。メスが卵を産んで、子が孵化する頃は死にます。オスは、その前に死ぬんじゃないかな。

――しかし、メスダコが死んだのを、オスダコが食べている姿を見たことがあります。そのメスが相棒なのかどうか分かりませんけど……。

萩原　タコというのは、死んだ魚を食べますよ。だから相手のタコということではなく、他のタコを死肉として食べたんじゃないかと思います。

――ところで、日本ではイカ・タコといいますと、食べ物として庶民的ですが、イギリスやオランダなどヨーロッパでは、船や人を襲う妖怪のような存在ですが、日本と

の違いをどう感じますか？

萩原　イギリスなどヨーロッパの人は海洋民族ですが、彼らは船に乗って肉を食べているんです。しかし日本人は海洋民族ではなく、漁業民族で、土地を耕して魚を食べている。だから海産物に関する印象がまるで違うんです。そのため大きなイカを見たら日本人は食べようと思うけど、ヨーロッパ人は妖怪のような、違う反応を示すのでしょうね（笑）。

――その指摘は面白いですね。最後に人間に害をなす「毒のあるタコ」というのは、何種類ぐらいいますか？

萩原　基本的には、タコは皆、毒を持っています。

――ええっ!?　ヒョウモンダコのようにテトロドトキシンのような毒を持っているのですか？

萩原　いや、ただ人間に害があるというと、今言われたヒョウモンダコとか、サメハダテナガダコといったタコがいます。これはかなり強烈な毒を持っています。その他には、マダコはセファロトキシンという毒を持っていて、甲殻類がマダコに噛まれると、その毒で動けなくなってしまうんです。そういう毒を、タコは皆持っています。しかし、人間には害は無い。

――サメハダテナガダコはどうですか？

萩原　このタコに噛まれたら大変ですよ。ヒョウモンダコはフグ毒なので噛まれた時はチクリとするくらいで痛さが無いんですが、気分が悪くなり、体が痺れたりするんです。ところが、このサメハダテナガダコは痛いんです。噛まれた時に痛くて手が上がらなくなるほどです。

――タコには無闇に触れないということですね。今日は、貴重なご意見を聞かせていただきありがとうございました。

（２０２０年11月17日人文博物館）

サメハダテナガダコには注意！

釣りの極意はイカ・タコの心理を読むこと

イカ・タコの釣り名人の宮澤氏は、どのような心境とどのような努力を重ねて、イカ・タコと勝負して来たのか、そのコツを伺いました。

スニーカーの存在にびっくり

――今日は、イカ・タコの釣りに熟知している宮澤さんにお聞きしたいんですけど、私は水中でアオリイカの動きをカメラで追っています。するとメスをめぐってオスがモーションをかけ、そこにライバルのオスが現われ、またスニーカーも現われて、いろいろと葛藤があります。そのような状況を地上にいて分かっていますか？

宮澤　そうですねえ。尾崎さんほど分かりませんけど、産卵期になると、アオリイカが藻場に現われます。藻場に現われたオスとメスとでは柄が違いますので、よく分かります。まずシーズン最初はメスから釣れ出します。盛期になるとオスから釣れて、メスしか釣れなくなると、これで打ち止めかな？

つまりメスが多くなるとシーズンも終わりになると思ったんです。

――オスが先に釣れるのは、好奇心が強いからですか？

宮澤　それはどうか分からないんですけど、メスが釣れると、必ず大きなオスが後を追うように釣れます。産卵でメスを追い掛けているからじゃないでしょうか？

――今言った最後にメスが釣れるというのは、産卵にメスの集団が来るからです。十匹とか二十四もの集団で、前のメスの卵を

宮澤幸則氏

●グローブライド株式会社
フィッシング営業本部
プロモーション部副部長

幼少時よりフナ釣りを始め、バス釣り、ソルトルアー、沖釣りなどさまざまな釣りに親しみ日本の釣り具トップメーカーに就職。餌木や仕掛けの開発に携わりながら、自らメディアやセミナーなどに登場して幅広く活躍中。

蹴散らして、その場所に産みます。その集団を見て、オスも加わるんです。そんな時に、釣りの餌木が来ると抱き着くんですよ（笑）。

宮澤　確か、何回も産卵するんですよね。

――そうです。あるメスはオスを三回変えて、三回産卵しますからね。中にはメスの前の卵を掻き出して、自分の精子を渡すオスもいます。また上手くいかないと、もう一度交接するオスもいるんです。その中にはスニーカーというオスもいるんですよ。

宮澤　スニーカーですか？

――ええ、そうです。スニーカーはオスなんですけど、通常のオスより体が小さくて、メスに相手にされない。だけど離れない。ところがオス同士が喧嘩している隙に、さっとメスに近づいて自分の精子を渡すんです。サケやマスにもスニーカーはいるんですよ。

宮澤　そんな奴がイカにもいたんですか（笑）。

――ええ、釣ったオスに小さなオスはいませんでしたか？

宮澤　ええ、いますよ。それがそうだったんですね。ただ大きいメス、例えば二キロのメスが釣れると三キロの大きなオスが周囲にいると思います。その中に小さいオスのスニーカーもいたんですね（笑）。

――知らなかったですか？

上はマダコ用、下はアオリイカ用の餌木。底にいるマダコはオモリをセットして使う

宮澤　ええ、まったく（笑）。

――餌木について、イカが水中でどんな反応を示しているのか、陸から見ていて予想がつきますか？　宮澤さんの餌木の動きが絶妙なんで、そのことをお聞きしたいと思ったんです。

宮澤　特にサイトフィッシング（見釣り）の場合、餌木を動かしながらイカの反応を見るんですけど、イカは臆病なのか、気配を気づかれないためか餌木の後ろの方から抱き着くんですね。それと餌木の形が上のカーブと下のカーブとでは少しずれているんです。だから少しのアクションで上の流れと下の水の流れが違うので、ふっと浮き上がりやすい工夫がされています。イカは餌木をしゃくり上げると一旦後ろに逃げて、ゆっくり沈み出すと抱き着くために近寄ってきます。だからイカの興味に合わせて、餌木をしゃくり上げて気を引き、イカが後ろから抱き着くように仕向けるんです。つまりイカのやる気をイカに（笑）起こさせるかを考えて餌木を操作するんですよ。

――そんな工夫をしても、イカはなかなか掛からない。それはイカが慎重というか、臆病なのかもしれないですね。と思ったら餌木から離れた遠くのイカがすっ飛んできて慌ててガッチリと食いついて来る（笑）。

宮澤　先に餌木を発見して抱き着こうとしたイカを払いのけてあとから来て横取りしていく奴も中にはいますね（笑）。

――餌木の色には、さまざまな意味があるんでしょうね。

宮澤　そうですね。かつてアオリイカ釣りは夜だったんですけど、昼にも楽しめるように開発され、様々な色の餌木が開発されたんです。基本的には色は三つ。夜光（蓄光）タイプ。蛍光タイプ。光沢（メッキ）タイプですね。だから何千という種類がありますよ。

餌木の背後から抱き着かせるのがアオリイカのエギングの妙味

――形はどうなんですか？

宮澤　形も大小あります。

――理由はわからないけど、絶対的にイカが乗る餌木が存在しているみたいで、ある釣り人が、その餌木を海で無くしてしまった。尾崎さん、頼むから潜ってあの餌木を探してくださいよと頼まれたことがあります（笑）。まるで餌木が宝物みたいな感じなんですよ（笑）。

宮澤　昔は、皆、手作りだったので愛着が強かったのでしょうね。ただ、今は市販されているものは精密に生産されていますから、ほとんどがばらつきもなく優秀です。ただマニアの中には買った餌木を風呂場で浮かべて試している。時には二十個買っても、気に入った物は一つしかない。他はすべて人にあげてしまうなんて方もいらっしゃいます。

――それほどこだわりがあるんですね。

釣れないで困ったことがある

――これまでの釣り番組で、釣れないで困ったことがありました？

宮澤　ええ、ありましたよ。確か尾崎さんと一緒の番組でしたね。

――そうでしたね。あれは確かＮＨＫの釣り番組で、九月の西伊豆でした。

宮澤　そうです。尾崎さんは水中でカメラを回している。釣りは午前と午後でした。午前はパンパンと釣れて、さすが名人という感じでした（笑）。ところが午後になると全然釣れない。場所も同じなんですけど、どうしたんだろうと思うほど釣れない。これは午前中は浅場に餌がいたからイカもいたけど、午後は日が出て、深いところへ移動してしまった。そのためイカがいなくなったのではないかと思ったんです。他の釣り番組なら場所を変えましょうということですませましたけど、この番組ではそうもいかない。現に尾崎さんは海に潜ったままで、つまりイカがいるってことなんですから。水中の真実を見せられちゃってますからね。あれには困りました。もう滅茶苦茶に焦りましたね（爆笑）。

——あの時、海に潜っていて、イカはいたんです。餌木の近くにもいたんです。だけど餌木を抱かなかった。

宮澤　どうしてですか？

——どうしてだと思います？

宮澤　でも最後は釣れたんですよ（笑）。それはなぜかというと、イカの心理状況が分かったからです。つまり、午前は、イカもお腹が空いていて食欲旺盛だった。だから釣れたんです。ところが昼は、太陽光があるから警戒心が高まり、より海底近くに隠れていたし、行動範囲も午前中より狭くなっていた。餌木を沈める深さも浅かったし、動かし方も早すぎたんです。そこでイカの心理を考えて、深く、ゆっくりと動かしたんです。そうしたら掛かった。あの時は、うれしかったですね。

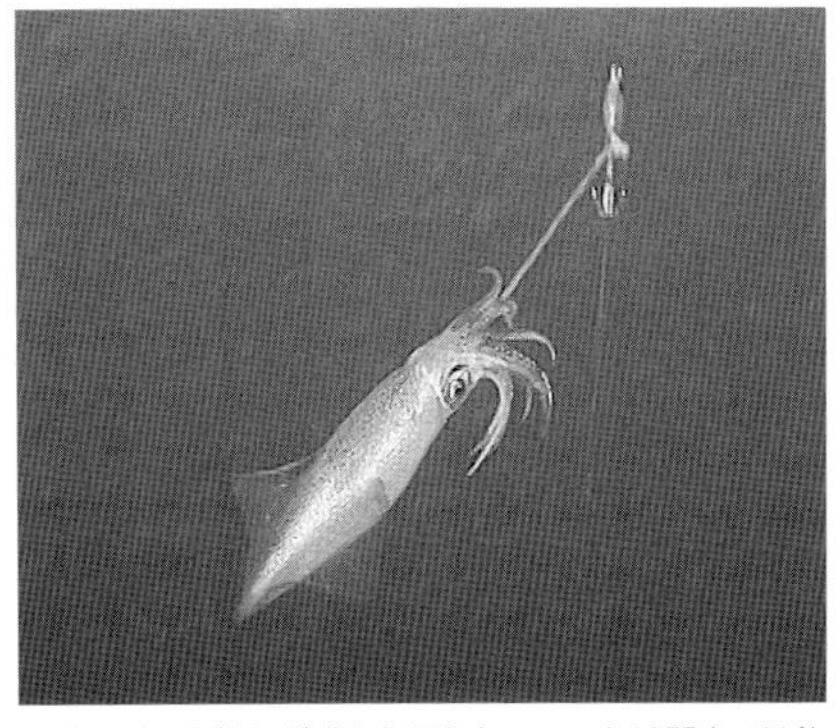

日本ほどイカ釣りが盛んな国もない。これは関東では釣り人の間でマルイカと呼ばれるケンサキイカ

——これは、他の釣り番組で、同じように釣れないことがあったんです。それも三日三晩かかっても釣れなかった。そこで水中カメラマンが私のところへ相談に来たんです。イカはいるはずなのに、どうして釣れないのか、ということなんです。

宮澤　どう返事されたんですか？

——つまり、宮澤さんはお分かりでしょうが、カメラマンもイカの気持ちになりきれなかったんでしょう。ただ、ここにイカがいるはずだとだけ思っている。

宮澤　これは魚でも同じですよ。やはりイカや魚の気持ちになって、ああ、この餌を食べたいな～と思わせなければ駄目なんです。

——それは水中では撮影していても分かるんです。餌木がイカを誘っている。沈めた

り、浮かしたり、イカの反応を見て、餌木を動かす。そのテクニックですね。そうすると、イカが五十センチ離れていたものが、三十センチに近寄り、また五十センチに離れると、今度は三十センチから十センチに近づく。宮澤さんの凄いところは、イカの心理状況を見抜いて餌木を動かしている。そのうちに遠くにいた奴が、慌てて近づいてパッと抱きつく。その場合、イカは大きいほうより小さいほうが難しいですね。餌木が大きいですからね。イカの場合、自分の体と同じ大きさのほうに興味があって、掛かるんですよ。

タコのほうが知恵はある

――タコ釣りの魅力はなんですか?

宮澤　令和元年は東京湾でタコが物凄く釣れたんです。タコ釣りというのは、カニを餌にして釣るんですが、岸釣りでもディズニーランドの裏で釣れたり、川崎や羽田空港周辺では、今までの三十倍くらい釣れたんです。

――一日で二十、三十匹と釣っていたと言っていましたね。

宮澤　ええ、大きさも大きいものは二キロと大きいんです。

――それはやはりホンビノスガイという、タコの好物の餌が豊富にあるからだと思いますよ。

宮澤　タコが釣れるので、釣り人も増えて、船宿さんもにぎわいました。釣り方もこれまで手釣りだったので狙える範囲が狭かったのですが、今は、サオとリールを使っての船釣りで楽しみましょうというスタンスなので、攻められる範囲もグ～ンと広がりましたね。

――タコの餌木は、イカの餌木とどう違うんですか?

宮澤　船釣りの場合、餌木カラーも白いものや蛍光グリーン系が強いですよ。

――昔は、豚の白身が良いなんていっていましたけどね（笑）。

宮澤　そうです。ロースを買ってきて白い脂身を餌木に巻きつけたりしてやっていました（笑）。

――ただタコは地面を這っているので、釣り方が違いますね。

宮澤　ええ、基本ベタ底で根掛かりのひどい場所では、捨てオモリにしたりする工夫をしています。

――それとタコのほうが、イカより利口で

スルメイカやケンサキイカと違って岸寄りの浅場で釣れるのがアオリイカの人気の秘密

しょう。

宮澤　利口です。とにかく餌木に掛かっても、自分で餌木を外してしまいますからね。それと釣り上げても、逃げ出すんです。洗たくネットに入れても、少しでも隙間を見せると、そこから逃げしてしまう。イカでは考えられないことですよ（笑）。

――船頭さんに聞いても、タコは腕が一本隙間から出ると全身で抜けるといいますよ。ところで、タコを釣るコツは何ですか？

宮澤　やはりタコの心理を知ることじゃないですか？

――（爆笑）これは名言ですね。

宮澤　ポイントを船で流す時に、タコにも様々な状態があります。積極的に動くタコもいるし、目の前に餌があっても動かないタコもいる。そのタコによって、どう調子を合わせられるかですよ。

――これは僕たち水中カメラの場合もそうなんですよ。このタコはこう動くならこうしようと、次のアクションを読むんです。それを知ってズームをかけます。つまりタコの気持ちになることでカメラを構えるんです。

宮澤　釣れるタイミングは一瞬です。コンスタントに釣果を出すためには、そのタイミングを外さないこと。つまり先読みができているかどうかが、結果につながるんです。

何を釣らせても上手な宮澤さん。餌木を使ったマダコ釣り人気にも火をつけた

――そうですね。つまり自分がタコの気持ちになるということなんです（笑）。それがまた楽しいんです。それと宮澤さんが釣っている瞬間を、私が水中で撮影するんですけど、まさにドン・ピシャリで、完璧なタイミングで釣っている。

宮澤　それは尾崎さんが先読みした同じタイミングで自分も同じ先読みをしているということですね。実はカメラマンとアングラーの呼吸も大切だったりしますね。

――そのタイミングが合った時はうれしい。宮澤さんは、とにかく魚でもイカ・タコでも誘いが抜群に上手い。それは何度も言うようにイカ・タコの気持ちが分かるからでしょうね。

宮澤　そうですね。その通りです（笑）。

――それは宮澤さんが経験豊富だからですよ。今日はありがとうございました。

（２０２０年11月６日高田馬場の喫茶店）

アオリイカの漁獲が減って困っています！

令和二年十一月五日。東京湾の入り口、千葉県洲崎の「栄の浦」沖合の定置網には、どのような魚介類が水揚げされているのか、同行取材させていただき、定置網漁の後、漁場会議室で須藤代表取締役に、近年のイカ・タコ漁がどのようになっているのかお聞きしました。

さまざまなイカが水揚げされている

——今日は、この栄の浦でのイカ・タコの水揚げ事情や地球温暖化による漁獲量の変化について、お聞きしたいと思っているんです。ところで須藤さんは、この道、何年ですか？

須藤　五十年になります。

——五十年は長いですね（笑）。

須藤　ええ、人生のほとんどを、この海に関わってきましたよ（笑）。

——それでは、この辺りの海の中はすべて熟知していますよね。ところでイカ・タコは、定置網の漁にはいつ頃入ります。

須藤　そうですね。春から夏にかけてですね。

——タコは単独性ですので、大量に入ると思いませんけど、いかがですか？

須藤　やはり十匹以上入るということは滅多にないですね。

——「渡りダコ」は群れで歩く、という伝説がありますけど……。

須藤　そうなんですか？　でも大群で入るということはないですね。

——イカのほうはいかがですか？

須藤利博氏

●栄の浦漁場代表取締役

約40年前、今までの定置網の形を変更して、関東近海では初となるサケ、マス等を捕る底層定置網を取り入れた。この方式は入った魚が逃げにくいので時化が来ても魚を貯めておくことができるメリットがあり、現在まで活躍している。尾崎との交流は40年以上になる。

須藤　イカのほうが種類は多いですね。まず夏はダルマイカやアオリイカ。冬はヤリイカやアカイカなどです。それと五十センチくらいのムラサキイカぐらいで、深海性のものは入りません。

――イカはタコに比べて多く入ります?

須藤　そうですね。やはりイカが多いですね。スルメイカやヤリイカは特に多く入ります。季節としては二月前後ですね。

年々網に入るイカが少なくなっているという

――最近、気が付いたんですけど、タコを「タコ網」に入れて一匹ずつ売っていますよね。あれは共食いをしてしまうからですか?

須藤　いや、共食いというより、必死に脱出しようとするから、一匹ずつ網に入れて管理しているんですよ（笑）。とにかく隙を見せると直ぐに逃げ出すんです（笑）。

――イカ・タコの出荷状況はいかがですか?

須藤　今は、イカやタコを生かしたまま出荷しています。そうしないと単価が違いますからね。

――この辺りで獲れるアオリカイカは、重量が一キロぐらいですか?

須藤　そうですね。一キロ以上あるものもいます。

――産卵期のアオリカイカでは三キロ、四キロもありますからね。それと定置網の場合、冷たい海と温かい海のイカが同時に入るということがあると思うんですよ。

須藤　昔は、アオリイカが数多く入っていたんですけど、今はさっぱりなんです。

――今、アオリイカの水揚げは芳しくないんですか?

須藤　はい。アマモがすっかり無くなってしまったので、アオリイカの量も減ってしまっているんです。

――それは困りましたね。地球温暖化で、冷たい海を好むイカが少なくなりましたか?

須藤　いや、スルメイカやヤリイカは、まだまとまって入っています。

――五十年も、この海を見ていて、地球温暖化によってどういう変化がありましたか?

須藤　そうですね。イカに関しては何年かに一回は、大量に入ります。例えばダルマイカやアカイカ、ヤリイカ、スルメイカ、アオリイカなどですね。

――ムラサキイカはどうですか？

須藤　ムラサキイカはまとまりませんけど、多少は入ります。

――その中で高級なイカというのは、どういうイカですか？

須藤　やっぱりアオリイカやヤリイカですね。これも生かして出荷します。

――どちらへ出荷するんですか？

須藤　地元の漁協です。仲買さんの場合は、東京の料理屋ですね。

タコ網の中のマダコ

――アマモが無くなったので、釣り人がアオリイカを釣ったという話は聞きませんね。

須藤　そうなんです。アマモが無くなったということが大きいんですよ。最近では海の中へ笹などを入れているということを聞きましたが……。

――ええ、イカ礁ということで、山から切って来た枝を海に入れてイカの産卵所にしたんです。しかし、枝が枯れたり流れたりして、あまり上手くいかない。だから千葉の海では、あまり広がっていないですね。

須藤　それは水深どのくらいですか？

――十メートルくらいの海底です。ところでタコの漁はいかがですか？

須藤　やはりマダコが多いですね。

――そうですか。東京湾の川崎では、マダコが異常発生しているんですよ。

須藤　餌はどうなっているんですかね？

――ニューヨークの海で繁殖しているホンビノスガイですよ。

値のいいアオリイカだがアマモの減少に伴い漁獲も減っている

須藤　やはり餌があるところには、タコも集まるんですね。

――イカ・タコの減少には地球温暖化の影響は大きいと思いますか？

須藤　いや、あまり実感がないんですけど、アマモが少なくなったのには困りましたね。ただ、これは地球温暖化もあるでしょうけど、やはり生活排水の影響もあるんじゃないですか。

――今日は、お忙しいところ取材させていただきありがとうございました。

（2020年11月5日栄の浦漁場会議場）

第三章

マダコの日常生活

地球温暖化でマダコはこんな生活を送っている

タコの巣には三つの条件が

地球温暖化の中で、マダコも大きな影響を受けています。数十年前までは、マダコは三月から七月までが産卵期だと思われて来ました。しかし、現在では、ごく一部のタコですが、十一月になっても産卵するものがいます。これは、まさに地球温暖化による影響でしょう。

では、そんな状況の中でマダコは、どのような生活を送っているのか説明いたしましょう。

マダコの寿命は、学者により、一年から二年だといわれています。

私はマダコを見るために海へ潜り

巣穴から飛び出して獲物を探しに向かうマダコ

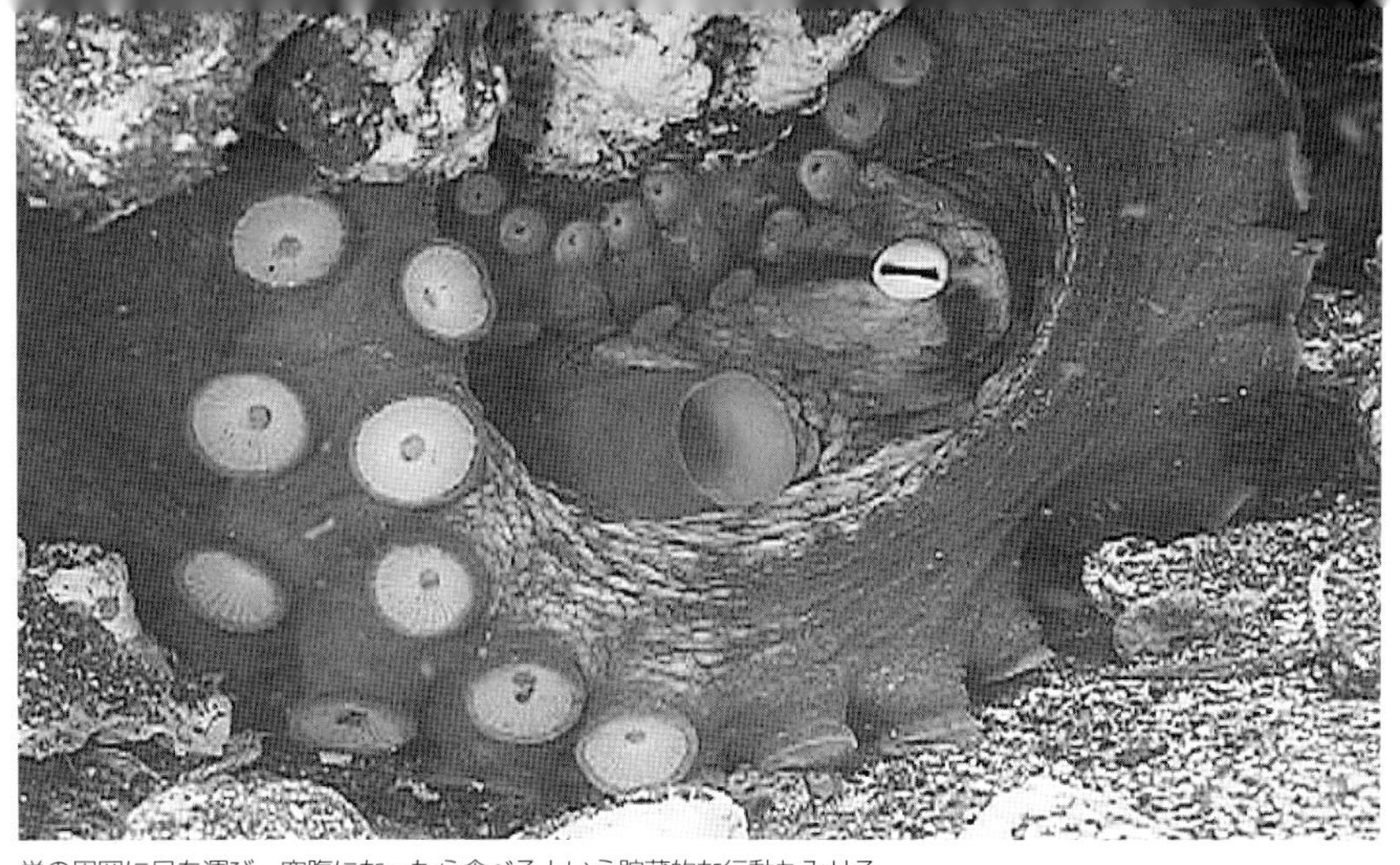

巣の周囲に貝を運び、空腹になったら食べるという貯蔵的な行動もみせる

ます。

するとマダコは、砂地と岩の境の巣穴に棲んでいます。この巣穴は、以前に棲んでいたマダコのものを利用していることが多いようです。

産卵期になると、メスダコが巣作りをします。

その条件が三つあります。

第一に、周囲が見渡せる、安全な場所であること。

第二に、天敵のウツボが、周囲にいないこと。

第三に、餌が周囲に豊富であることです。

これらのことは本能的に分かっているのでしょう。そして、その条件に合った場所を探します。これが巣作りの条件なのです。

巣作りは、まず漏斗で砂を吐き出し、どんどん掘って行きます。そして、自分の全ての体が入ってしまうほどの深さを確保します。その後、まるで陣地を作るようにして岩や石を集めて、それを積み上げます。その際、マダコが右利きなのか、左利きなのかによって、石の積み方も違ってきています。

次に餌の獲り方ですが、タコの好物は貝類です。

そこでタコは、あちらこちらの場所から貝を採集し、自分の巣の周囲の砂地に置きます。すると貝たちは、直ぐに、その砂地へ潜り込みます。マダコは自分の獲った貝が、砂地に潜り込むのを承知しています。そのため空腹になったら砂地を掘るのでしょう。こうして栄養をつけて、産卵の準備をするのです。

交接シーンに興奮した

マダコの繁殖は、まずオスがメスに近寄って来きます。

その行動をメスが認知すると、その

両者が横に並んで行なうマダコの交接

後、両者が横に並びます。そして、オスの交接腕が伸び、メスの漏斗の脇から体内へ入って行くのです。その際、交接腕がぶれないように、吸盤でメスの体をしっかりと掴んで交接を行なうのです。

この時、メスのほうは、オスの交接腕をじっくりチェックします。

果たして自分の気に入った交接腕であるかどうかを確かめるのです。つまり、自分の好みに合うか。健康であるか、優秀であるかをチェックしているのです。

そして気に入ったら、メスは、その交接腕を受け入れます。

交接してしばらくすると、メスは徐々に興奮し始めます。オスももちろん興奮しますが、メスの興奮度合は大きく、非常に高く、その反応は見応えがあります。

イカと違って、タコの交接時間は長いのです。時には半日。あるいは翌日も交接している場合があります。そこが数秒の交接時間のイカとは違うところです。それは卵の数が多いので、有精卵をしっかりと得るためかもしれません。

その間、オスは交接腕を使って、せっせとメスの体内へ精子の入ったカプセルを送り込みます。そうすると、その行動にメスの体は極度に興奮し、真っ直ぐに、体が伸び上がり、感極まるとドスンと地に落ちて失神するのです。それはまるでメスがエクスタシーを感じて悶絶するようにも見られます。これは人間にも通じる生態と思われ、これを見た私も興奮いたしました。こんな経験は初めてです。

この光景を、私がカメラに収めていると、オスが自分の交接腕をメスからそっと抜き、自分の体に戻します。ところが翌日警戒しているのでしょう。

行くと、また同じオスがメスの体内へ自分の交接腕を入れているのです。このことはオスとメスが有精卵を得るために時間を掛けて懸命に努力しているのだと思います。

ただ、交接中に他のオスが近づくと、オスは体色を変え、反撃の態勢を整えます。つまり体の皮膚を尖らして相手を威嚇します。すると相手のオスは交接中だと知ると、そそくさと退散いたします。それが紳士の礼儀だと思っているのでしょう。

産卵風景には謎が多い

マダコの産卵シーンというのは、なかなか撮影できないものです。

それはマダコが、その光景を見せないからです。それでもようやく産卵風景を撮影することができました。

タコの産卵は、岩の天井に吸盤で張り付き、卵を産みつけるのです。そして卵が房状に垂れ下がると、その先端をマダコは触腕で触り、卵の様子を見て、漏斗で新しい水を吹きかけてメンテナンスします。そのことが、外からでも良く分かります。

タコの卵は、細い糸のようなもので繋がっています。それは八つある吸盤が編んだといわれていますが、このことはタコの体内の卵であった時に、すでにこのラインが繋がっているのでしょう。カイトウゲ（海藤花）と呼ばれています。

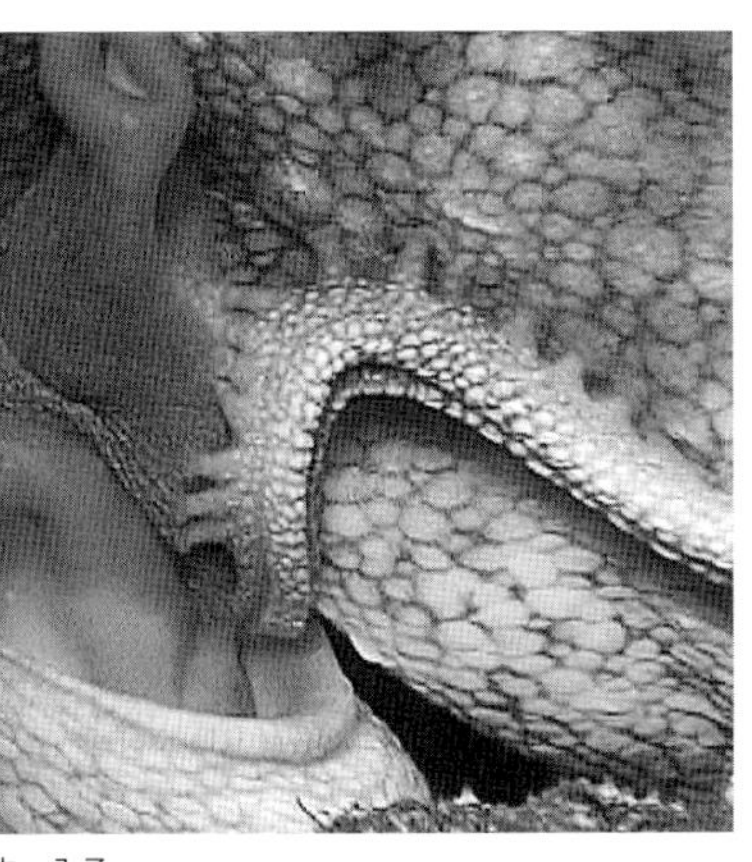
オスの生殖腕がメスの体内へ入る

これがオスの生殖腕

卵の中のタコの赤ちゃんは、成長するにつれて、意識がしっかりしてきます。つまり外から近づいているカメラマンの私の姿を認め、そして警戒して体の色を変化させます。ましてライトなどを当てると、まったく孵化することはありません。撮影するにもタンク内の空気時間が限られていますので、陸に上がらなければならず、翌日訪れると、すでに孵化していることがたびたびありました。

孵化する前のタコは、すでにタコの形をしていて、体色もはっきりとしており、吸盤も見えます。ただタコの赤ちゃんは腕が短く、漏斗などの部分が大きく見えます。さらに脳も発達していて、その部分が見えたのには驚きでした。

卵の孵化は、一匹のタコの赤ちゃんが外へ出ると、その振動で他の赤ちゃんにも知れ渡り、次から次へと孵化し

先端の吸盤で絶えず卵の様子をチェックしている

ます。ただ卵の中で盛んに動いている赤ちゃんでも、孵化できない場合、母ダコが吸盤で刺激を与え、漏斗で強く水を吹き掛けます。

すると赤ちゃんダコは、外へ孵化しますが、その際、母ダコは岩などにぶつからないように自分の柔らかい皮膚でカバーします。このようにイカと違って、タコの誕生には世話がかかるものです。

そして誕生したタコの赤ちゃんは、貝類や甲殻類を盛んに食べて育っていくのです。そして完全に体の機能が発達すると、潮の流れに乗って中層を泳ぎながら移動し、近寄って来たプランクトンなどを食べます。その後、海底に着地して、より大きな餌を食べて成長していくのです。

マダコが持っている三つの能力

●腕の筋肉が凄い

次のページのシーンは、ウツボがタコを襲っているところです。

これは三月から七月にかけてよく見られるシーンです。ウツボはタコの棲みかを覗き込み、幼いタコや弱ったタコを見つけると直ぐに襲います。

しかし、一人前のタコが相手となるとそうはいきません。腕の筋肉を硬直させて、まるで鋼のように強靭にします。見ていると、タコが体に力を入れて、徐々に筋肉を強くしていく様子が分かります。

卵は糸のような神経系統でつながっている

卵の中の赤ちゃんは外敵にも反応し、状況を見極めて孵化をする

オキアミの仲間を食べる赤ちゃんダコ

腕の筋肉を硬直させてボールのように丸まりウツボの攻撃に耐える

そして、これならウツボの歯に対抗できると思うと、体を丸めて身を守り、カチカチと音を立てて威嚇し、ウツボの強靭な歯に対抗します。そのため、あの鋭いウツボの歯も通らなくなってしまうのです。厳しい環境に棲むタコには、こんな能力もあったのかと驚きました。

ところがウツボもさることながら、タコの弱点を良く知っています。つまり攻撃しながら、体の脇から口を中に入れ、細い触手の先を咥え、体を回転させて食いちぎるのです。

するとタコは、その触手を捨て、墨を吐き、素早く逃げ出します。こうしてウツボの攻撃から逃げるのです。そのため触手が食いちぎられても、また生えて来るという能力も持っているのです。

●ガンガゼの針も怖くない

タコの能力には、体を柔軟にして、歩くということがあります。左上の写真にあるように、ガンガゼの針は鋭く、毒を持っています。そのため近づく魚達も、その針に気を遣いますが、タコは変幻自在に体を細く、柔らかくして、その針の間をすり抜けます。ですからガンガゼを苦にするどころか、そういう場所を利用して敵から逃げるのです。

●擬態がとても得意

タコの棲みかは砂地や岩場、海藻の繁茂している場所です。

そのためか、その環境の岩や海藻に合った擬態をして、敵から逃れます。また餌の捕獲に利用するため、長時間じっと擬態したままで待ち続けます。餌となる獲物が近づくと一気に襲いかかり、仕留めるのです。

タコはこのように異なる三つの能力を持ち、敵から身を守り、餌を獲り、海底の知恵者として存在しているのです。

ガンガゼの毒針を利用して敵から逃げることも

擬態をして敵から逃れ、時には餌を待つ

眼の変化が面白い！

カメラマンとしてタコを撮影しようとする時、タコの眼に注目します。タコのほうも私を見ています。その時のタコの眼の周囲は黒く墨を塗ったような色彩になります。それは緊張、または警戒している証拠でしょう。それがさらに緊張すると顔の周囲も黒ずんできます。また、それが進むと体全体が周囲の環境に変わります。いわゆる擬態をします。そして柔毛突起というように皮膚を持ち上げます。

ところが昼間、タコが居眠りしている時は、黒い瞳は細くなり、完全に眠るとまったく閉じてしまいます。こうなるとしばらく眼を開けることはありません。

そこでいたずらをしてやろうと、コツンと頭を叩くと、タコは薄っすら眼を開け、眠そうな眼でこちらを見て、

ジッとカメラを睨むタコの眼

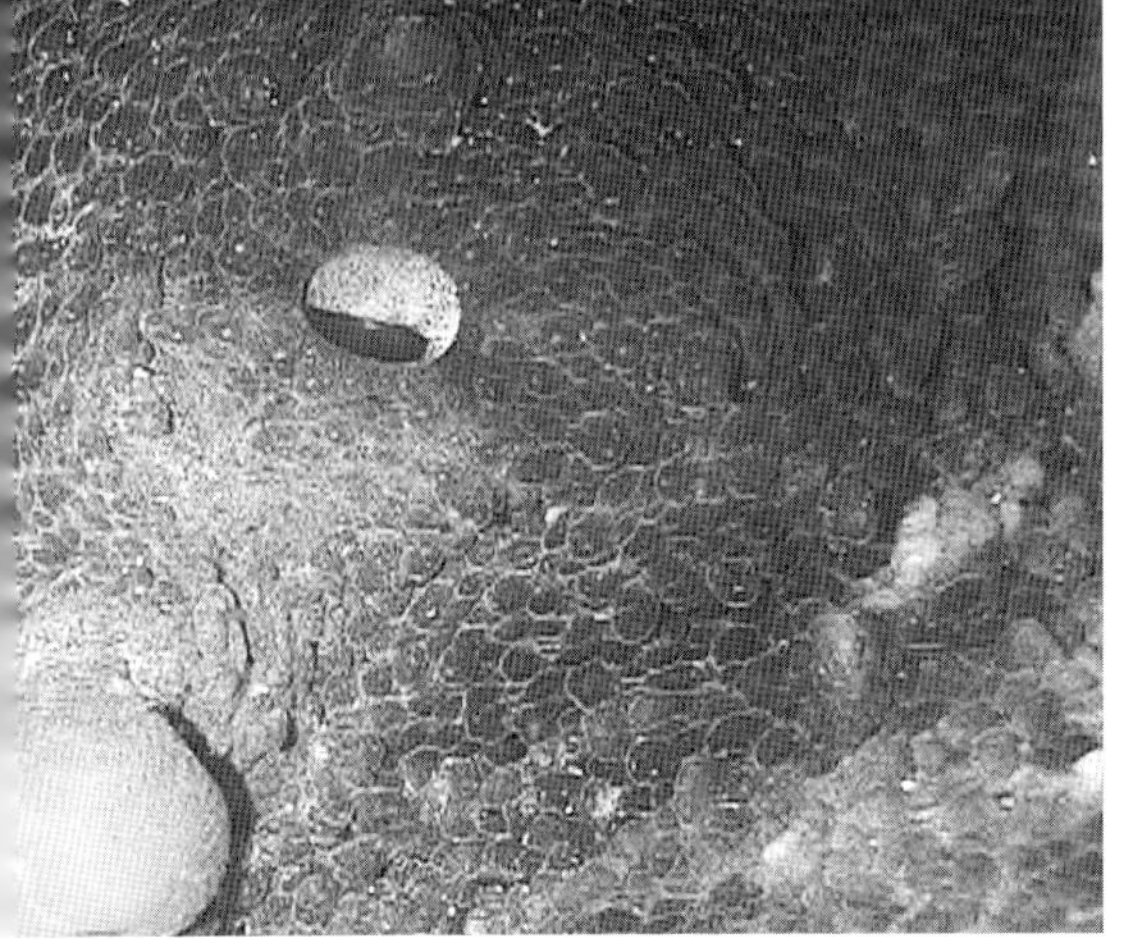

居眠り中のマダコの眼

夜行性のタコは昼間は黒い瞳が細くなっていることが多い

眠むのです。それからノロノロと逃げ出し、擬態をしながら逃げ去って行きました。

タコ踊りにどんな意味が？

タコは時々、おかしな動作をします。

体を丸め、腕を体全体にこすりつけて、まるで踊っているかのように見せることがあります。私はそれを〝タコ踊り〟と呼んでいます。タコ踊りをしている時のタコは、必死で、腕を動かして体をなぜ回しています。それは吸盤の皮を剥いでいるのです。つまり吸盤を脱皮させているのです。このことによって、吸盤の皮膚も感覚も新しくし、清潔にしているのだと思います。

また、このタコ踊りの行為は、敵を驚かすという行為にも通じることがあります。

ある時、トラギスが近寄って来ました。トラギスはよく、マダコにちょっかいを出す魚です。ところがマダコが急にタコ踊りを始めたとたん、トラギスはびっくりした様子で逃げ出してしまったのです。

大きな口の役割とは？

タコの腕の中央に、口があります。大きな口です。

口の中にはカラストンビという固いクチバシがあります。そして獲物を食べるのです。しかし、タコの口は、食べるということ以外に、どんな役目を果たしているのかが良く分かりません。ただし、たぶん、こういう役目も果たしているのではないかと思うことがあります。

それは漁師がエビ網を掛けると、魚

の他にイセエビなどがよく掛かります。そこで引き揚げると、そのイセエビの中身が空になっていて、中身が何者かに食べられてしまっていることがよくあるのです。たぶん私はタコの仕業ではないかと思っています。

それというのは、タコの口がイセエビの体に吸い付き、殻を破って中身を吸い取ってしまうのではないかと思っているからです。それでなければイセエビの体の殻が、完全に残ったままであるということはあり得ないからです。

以前、イセエビやカニを食べているタコの姿を観察したことがあります。

その時、タコはイセエビやカニの足を横に咥えているのではなく、縦に咥えていたのです。それは、まさに中身を吸っているように見えました。だから、そういうことができる能力があるのだと思ったのです。

吸盤の皮を剥ぐ動きはまさにタコ踊り

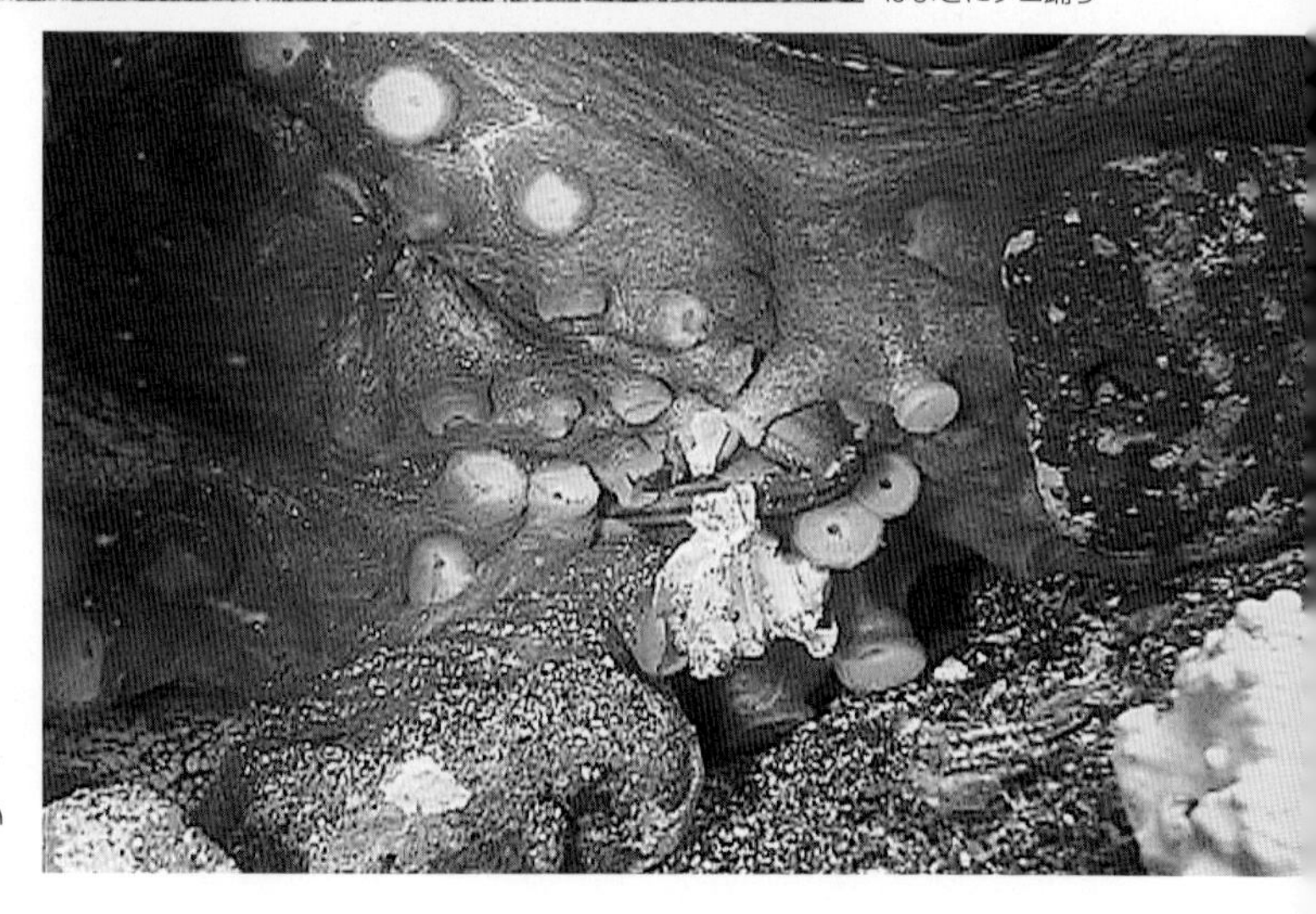

イセエビの中身を吸い取っている

第四章

アルゴノーツの神秘な世界

不思議な生態に魅せられた

私は、アルゴノーツ（和名チリメンアオイガイ）というタコに興味を持っていました。

それはオーストラリアのシドニー近くにモンテギューアイランドという島があり、そこの海底には毎年、何個かのアルゴノーツの殻が落ちていたのを見かけたからです。

しかしこの海で、アルゴノーツに会えるとは思ってもみなかったのです。ホホジロザメがこの海でアザラシを食べるということを聞いていたので、その取材中に上手くいったら出会えるかなという程度でした。

現地でポールという、歯科医でカメラマンの彼が、私を案内してくれたのです。彼は科学雑誌に、このアルゴノーツが何万という数で集合し、交接しているのではないかという写真を掲載して、一躍、世界を驚かせたからです。

私はアルゴノーツに会いたいと思いました。

幸いに、友人のルーディー・クーターというカメラマンもオーストラリアにいたので、もし、アルゴノーツが来るような兆候があったら知らせてくれとお願いしていたのです。それは南極からナンキョクオキアミが来ると、それを食べるためにアルゴノーツもやって来るからです。そして、その兆候があったので、直ぐにオーストラリアへ飛びました。

そして実際に、ナンキョクオキアミが押し寄せ、それをアルゴノーツが追っている海に潜ったのです。そこには無数のアルゴノーツの姿があったのです。壮観でした。そこでカメラを構えていると、奇妙な光景に出会ったのです。

アルゴノーツは体長二十センチから二十五センチ位のタコですが、意外と速く泳いでいます。それも水面だけでなく、海底にも活動の場を広げていました。

ところが海底には、天敵のガザミが、アルゴノーツの姿を待っていたのです。ガザミはアルゴノーツが大好物だったのです。

そしてアルゴノーツを捕らえ、彼らは食べ始めました。

食べを終わると、中身の無くなった殻だけが取り残されます。ところが、その殻が、何かおかしいのです。そこで私は興味を持ち、そっと中を覗くと、そこには何と白い卵があったのです。

●胃にはナンキョクキアミがびっしり

そこで取材の後、海底から取って来た卵を水槽に入れてみました。卵が孵化しないかと思ったからです。観察したのは、私とルーディー・クーターと、

アルゴノーツの奇妙な姿

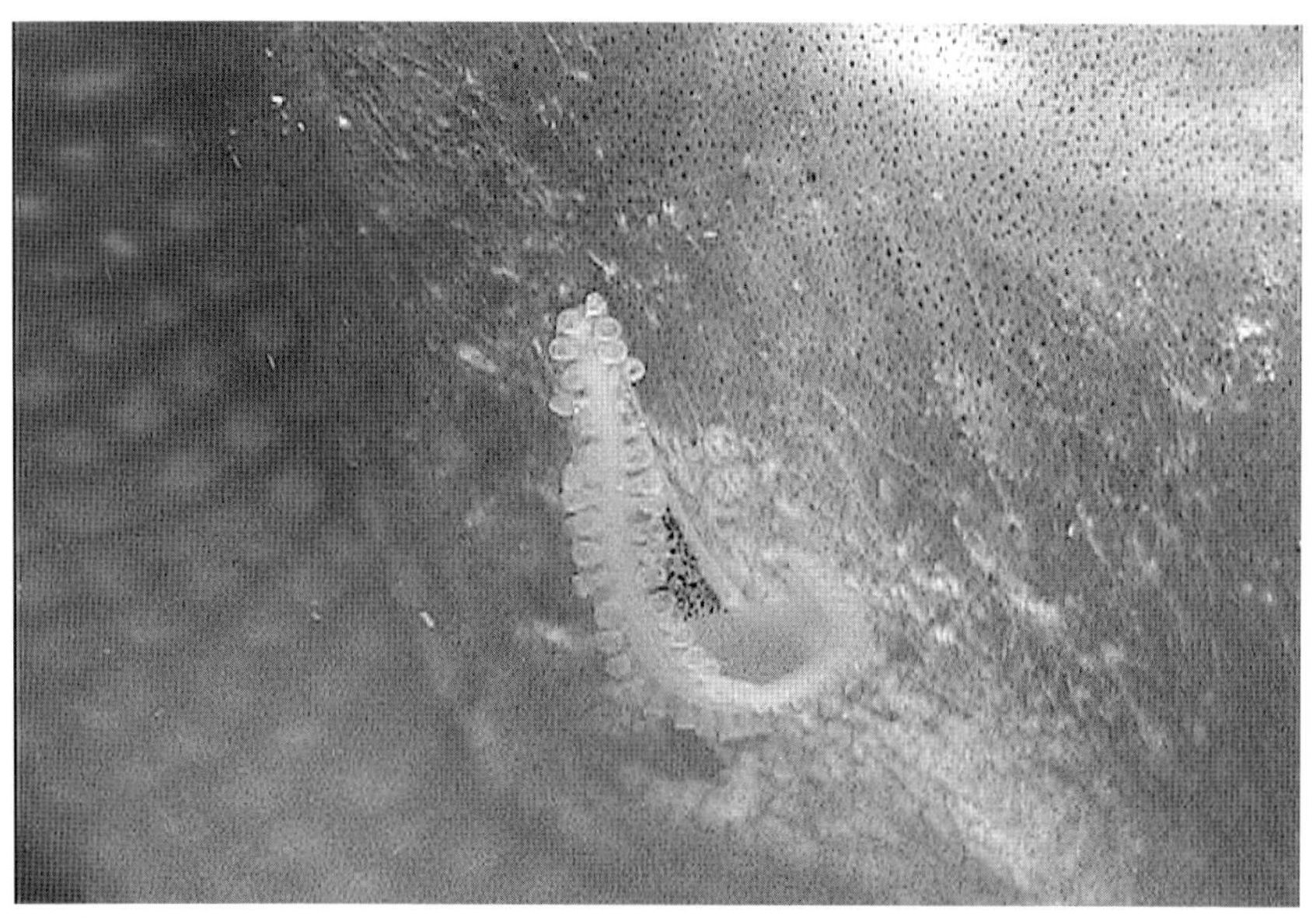

アルゴノーツのヘクトコチルス

捕獲したアルゴノーツ

筆者とマーク・ノーマン

アルゴノーツを観察するマーク、尾崎、ルーディ

その奥さんアリスです。ちなみにアリスは学校の教師で、生物学を教えていたのですが、その教え子に何と世界的に有名になったイカ・タコのマーク・ノーマン研究者がいたというから驚きです。

さて、そこで私は、皆と一緒にアルゴノーツを観察しました。

アルゴノーツには心臓が三つあり、胃は二つです。

その一つの胃の中にはナンキョクオキアミがびっしりと入っていました。このことにより、アルゴノーツはナンキョクオキアミが大好物であると

アルゴノーツの顔のアップ

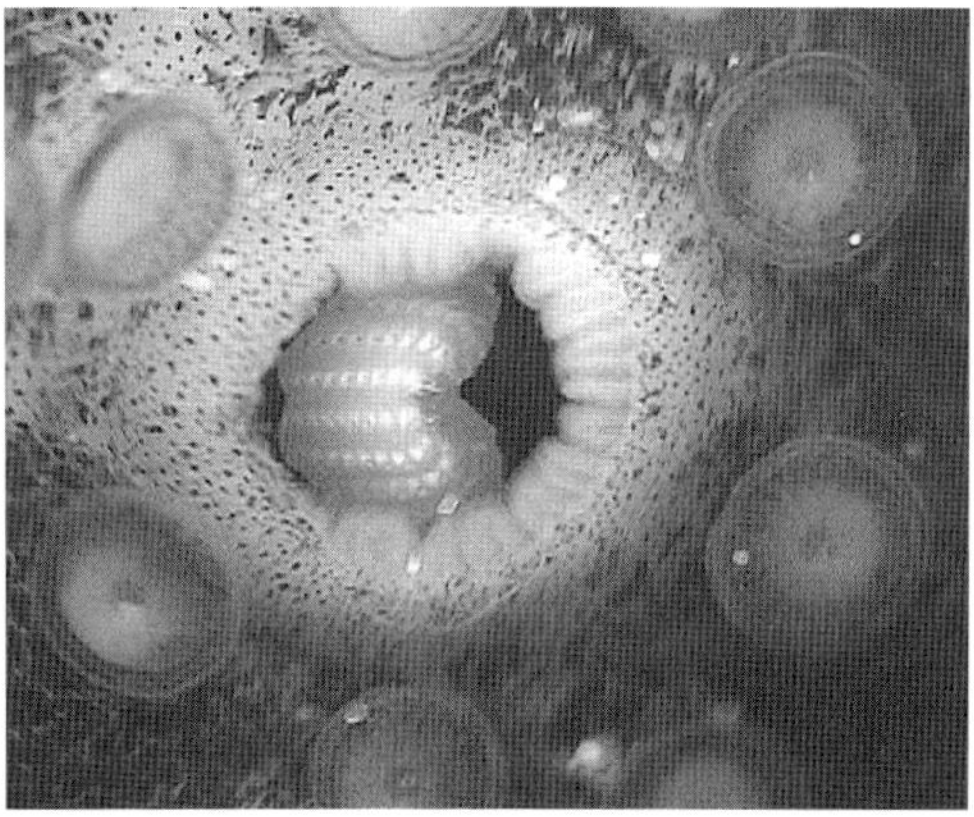

アルゴノーツの口

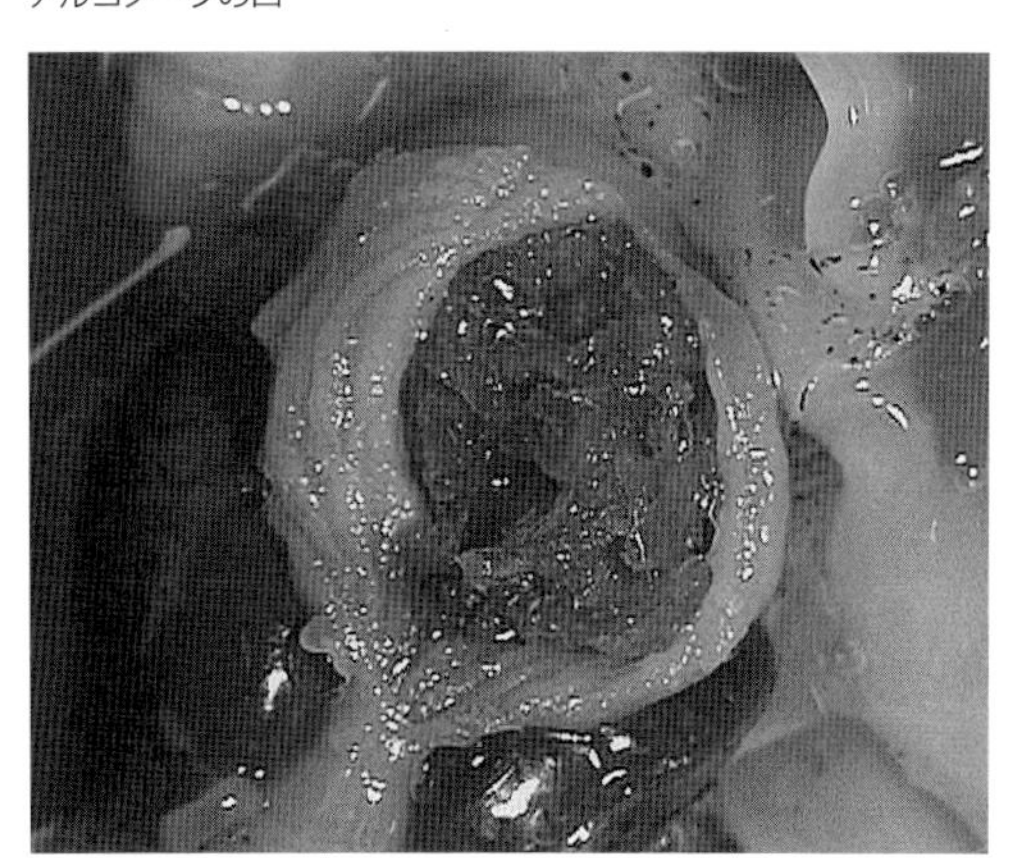

胃の中に入っていたナンキョクオキアミ

いうことが分かりました。

●ヘクトコチルスの存在

アルゴノーツのメスの体は、体長二十センチから二十五センチと大きいのですが、オスは何と五センチと小さいのです。その比較は、まるでアンコウのメスとオスの関係に似ています。

その小さいオスは、殻から外に出てしまいますが、残された生殖器のヘクトコチルスは、何週間もメスの体内にいて、交接して受精させています。そこで、これらの行動を観察していると、アルゴノーツの生態が、これまで想像もつかない神秘の世界に包まれていることが分かったのです。

●アルゴノーツの赤ちゃん

卵から誕生した赤ちゃんは、どうなるのでしょうか？

そのことが心配です。つまり大自然の摂理というものは残酷なもので、大半の赤ちゃんは魚などの外敵に食べられてしまうのです。

　しかし、運よく生き延びた赤ちゃんは、大海に出て、潮に乗り、回遊します。その時、流れ藻に付着し、漂着し、そこを拠点に、浮遊するプランクトンなどを食べて生きて行くのです。

　幸いなことに、地球の陸地は、森林が生い茂っていますが、南極や北極の寒冷地は、逆に海中にジャイアントケルプなど緑の生物が生い茂り、多くの海の生物達に役立っているのです。ただ、アルゴノーツの生態は詳しく調査されていないため南極に棲むのか分からないのですが、この大自然の海底の森に守られ、育っていったことは間違いないでしょう。

　毎年、ナンキョクオキアミを追ってアルゴノーツが来るということは、背後に優雅で豊饒な大自然の世界があるからだと思っています。

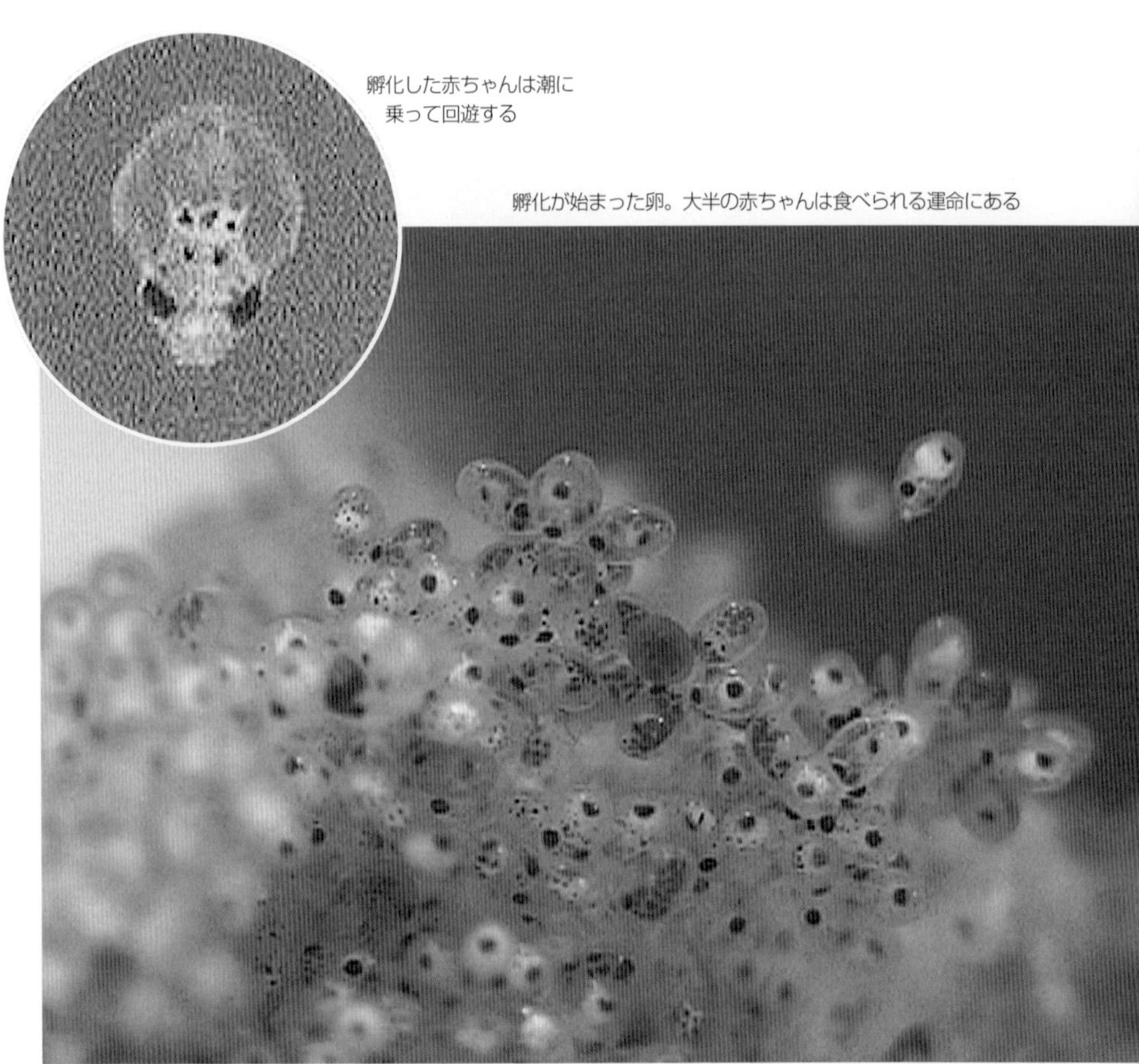
孵化した赤ちゃんは潮に乗って回遊する

孵化が始まった卵。大半の赤ちゃんは食べられる運命にある

第五章 イカとはどんな生きものか？

カメラマンからの視点

イカの魅力というと、その姿が美しいことと、奇想天外な生態を見せてくれるので、撮ってみたいと思うのです。ただ、その場合、私としては、皆さんが知らない世界を撮りたいと思っています。

例えば、オスはメスの気を引くため体をピカピカと光らせたり、体を棒のように伸ばしたりしてアプローチします。そういう婚姻色を出している行動をじっくり撮りたいのです。

アオリイカの場合、藻場に来てメスが産卵するのですが、その時、オスは外敵が来ないように監視します。その場合、オスがメスの上へ傘のように覆い被さるようにして守り、何か人間臭い動作をするのです。

ところが、そんなにオスに守られているメスはというと、交接しているにも関わらず、気に入ったオスが目の前を通り過ぎると、相手のオスを振り切って追い掛けて行くのです。いかにも浮気性です。そんな自分勝手なメスの行動も面白いのです。

イカの喧嘩

イカの喧嘩というより、メスを求めたオス同士の愛の争奪戦です。

その時、スニーカーという中性のイカが参加するのも面白いものです。このスニーカーの存在は、これまで本書でさんざん紹介して来ましたので、それを読んでいただければ分かると思います。つまり性にはオスとメスがあり、それぞれの役割を果たすのですが、その中間にスニーカーがいるのです。

このスニーカーは本来オスでありながら、強いオスには対抗できないため、メスの姿をしてオスを安心させます。そしてオスが気をそらした瞬間に、

交接を前にしたカミナリイカのオスとメス

オーストラリアコウイカのホバーリング

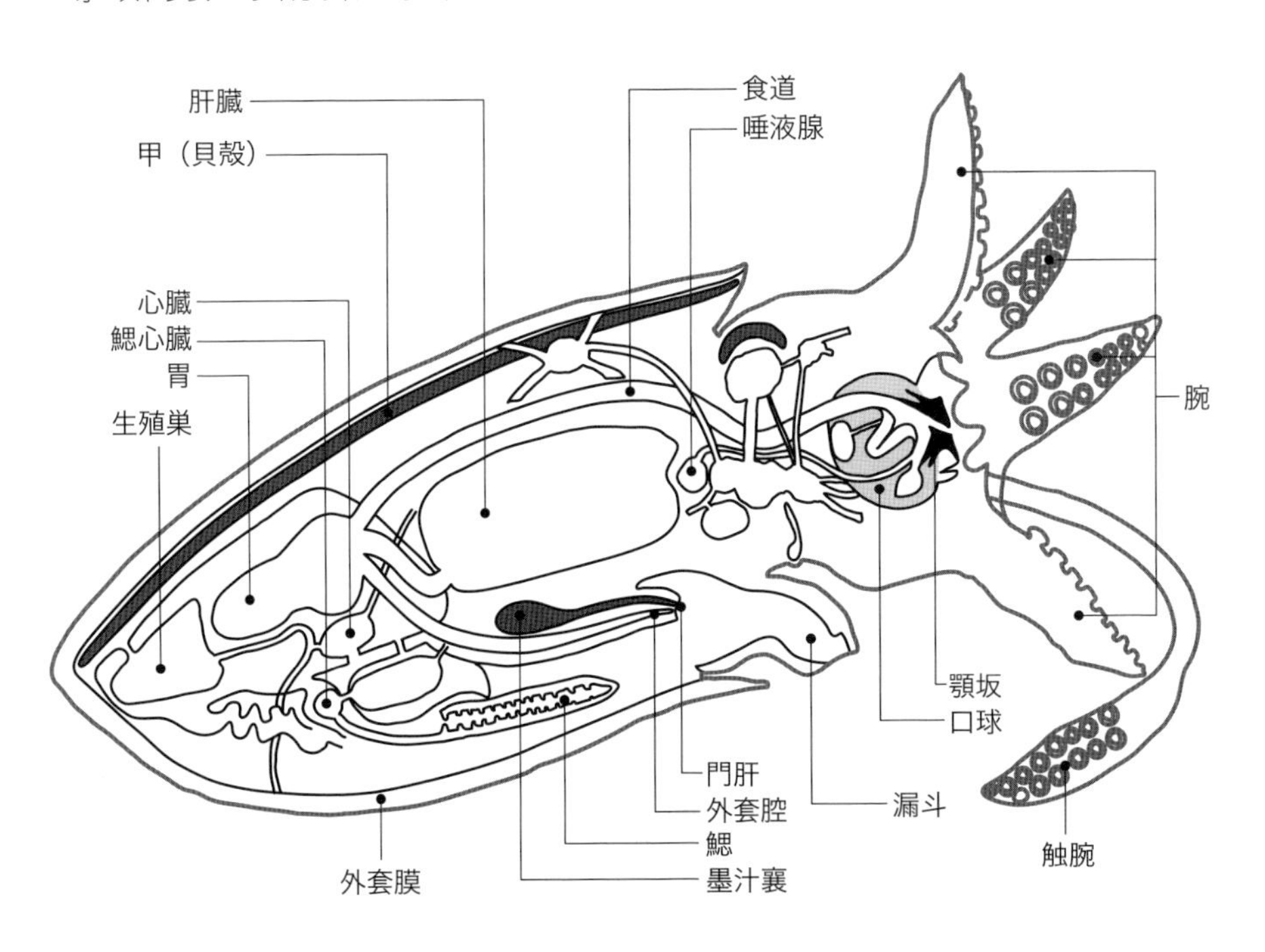

第1腕
第2腕
口
第3腕
触腕
第4腕

メスに対して交接を行なうという実に姑息な手段を用いる小柄なオスなのです。これもいかにも人間臭い存在で、その行動が面白いです。

イカを考える

イカの生態を追っているうちに、魚にはない要素を感じます。それはメスの自分勝手な行動であれ、スニーカーの存在であれ、つい面白くてカメラで追ってしまいます。しかし身勝手と思える行動も、目的は子孫を残すということ。そのためにはどうしたらいいのか。人間にはモラルというものがありますが、彼らにはそれがありません。子孫繁栄のための行動こそが正義なのです。

二本の触腕を掲げるアオリイカ

イカの体の構造

イカとタコは、頭足類に所属します。ではイカとタコの違いは何かというと、タコの腕（足）は八本。イカの腕は十本と二本多いことです。

イカは、餌を捕らえるため八本の腕に加えて二本の触腕を持っているから十本となるのです。またイカにはタコにないヒレがあります。

しかし、この腕の本数も種類によっては八本のイカもいますし、ヒレを持

上がアオリイカのオス。下がメス

つタコもいますので確実なことではありませんではイカの重要な部位を紹介いたしましょう。

●心臓

イカの心臓は三つあります。一つは内臓の中央に、もう二つは左右の鰓にあります。中央の心臓が、全身に血液や酸素を送り、左右の心臓が鰓の動きに使われるのです。

●触腕

第一腕は、自分の意志を伝えるためのアンテナです。例えばメスがいた場

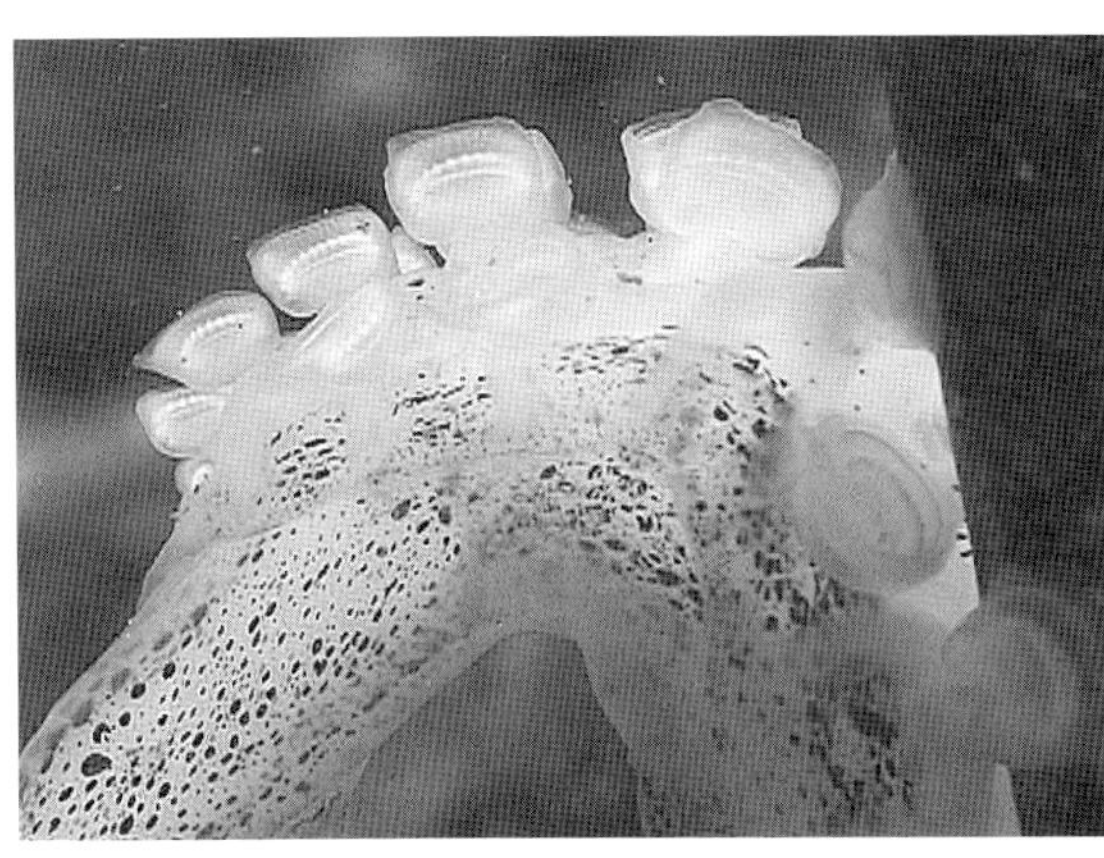
アオリイカの吸盤

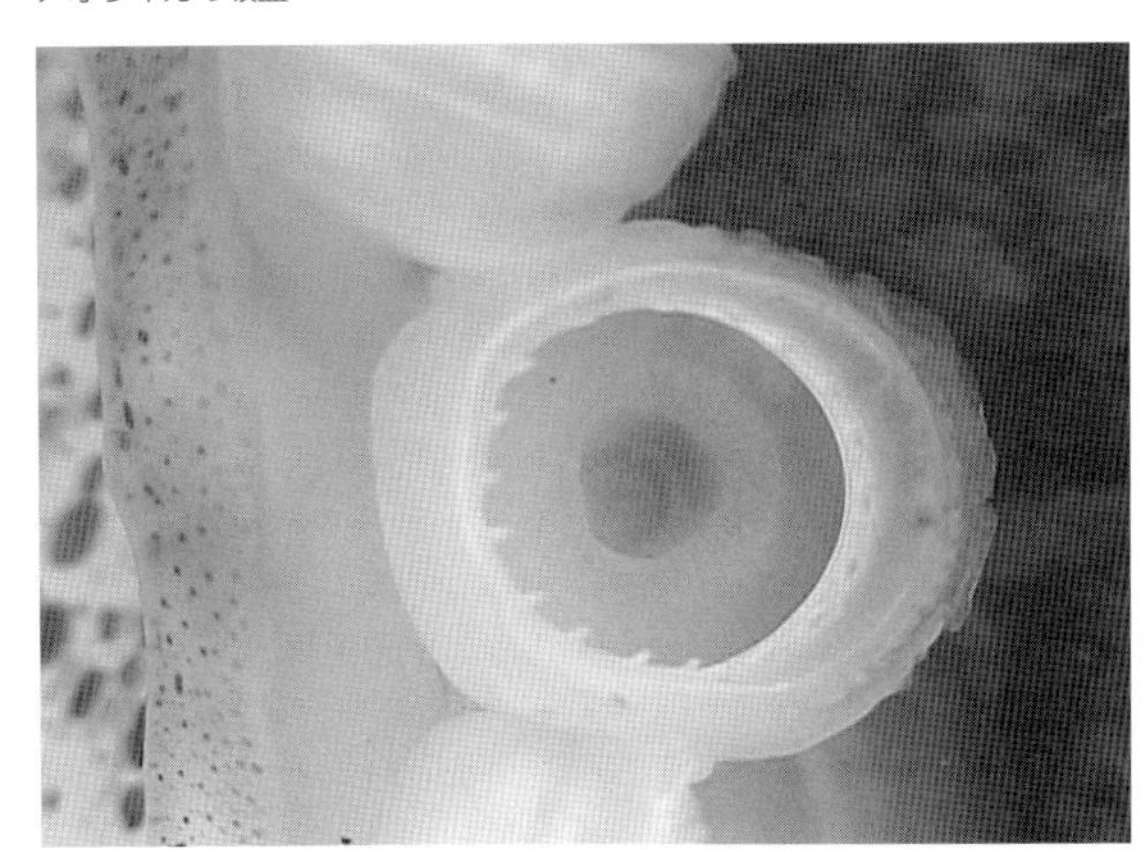
吸盤のアップ。中に角質リングが見える

合、こっちを向いてくれないかとか、交接してくれないかとか、そういう意志を示します。またこの触腕は、外敵に対して威嚇し、「こちらに近寄るな」といった強い姿勢を示します。

●眼

イカの眼には、水晶体のレンズが、二つの部分からなっています。ヒトと同じように前後のピントを合わせることができます。

●口

イカの口は、五対の腕の基部にあり、その中央にカラストンビという上下の顎板があります。この顎で魚などの獲物に噛みついて食べるのです。

●漏斗

漏斗は水を吐き出す器官です。それは両側にある開口部から外套腔に水を吸い込み、勢いよく外へ噴射するのです。墨や糞も漏斗から出します。

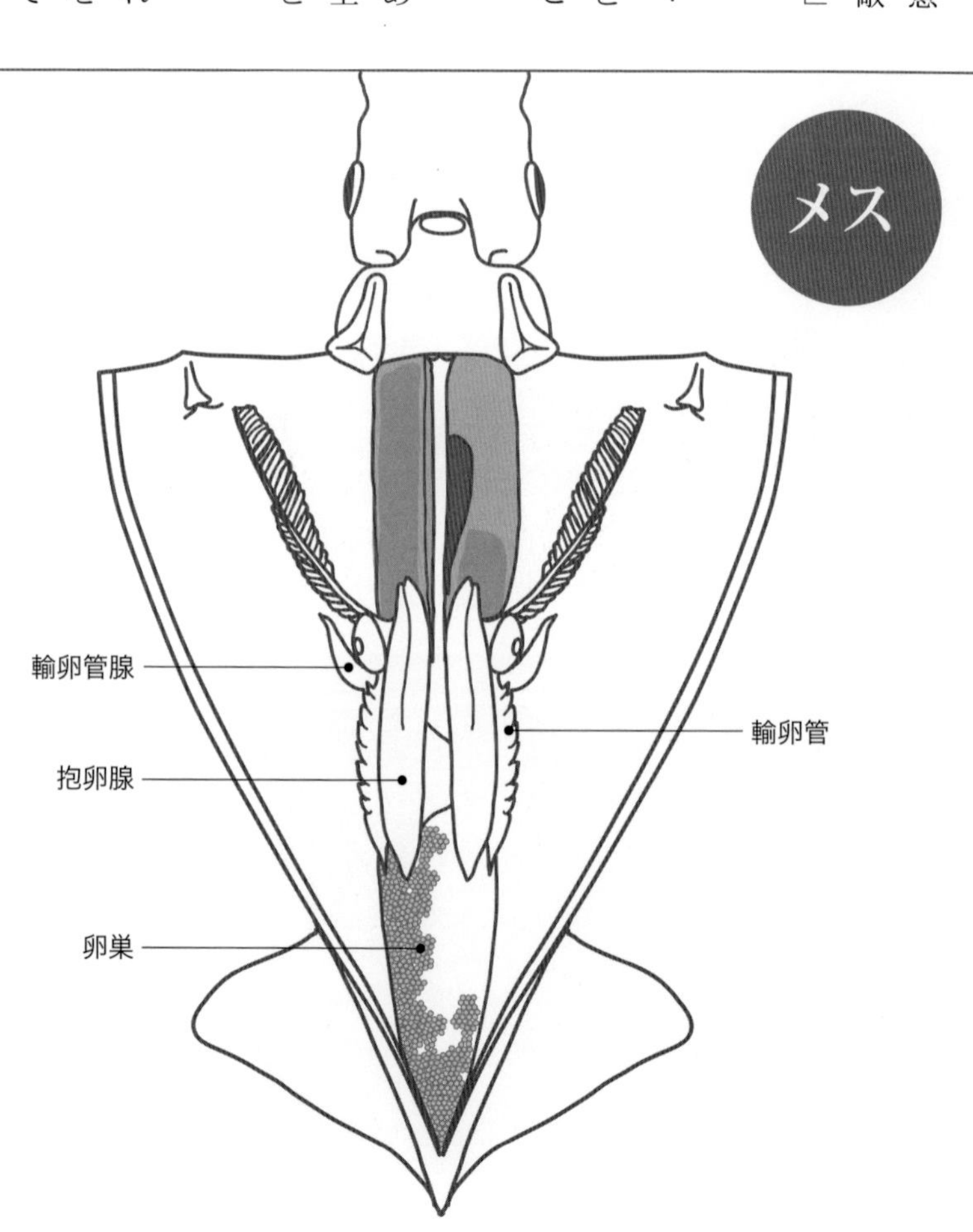

●吸盤

イカとタコの吸盤は違います。イカの吸盤は角質環があり、鍵状になっていて、獲物に対してガッチリと食い込みます。

タコも大きさによりますが、例えば吸盤は直径一センチで、それを支える筋肉が八ミリとか六ミリとかですが、イカの場合、獲物を逃がさない武器となっています。

●ヒレ

イカの外套膜の後部にはヒレがあります。別名、耳とか、エンペラとか呼ばれています。

●卵巣

イカのオスとメスが交接した場合、オスは精子（精莢）をメスの体内に入れるのですが、入れる場所は、種によりますが、漏斗の下の隙間に入れるのです。そして、産卵する時は、輸卵管を通って外へ排出されます。

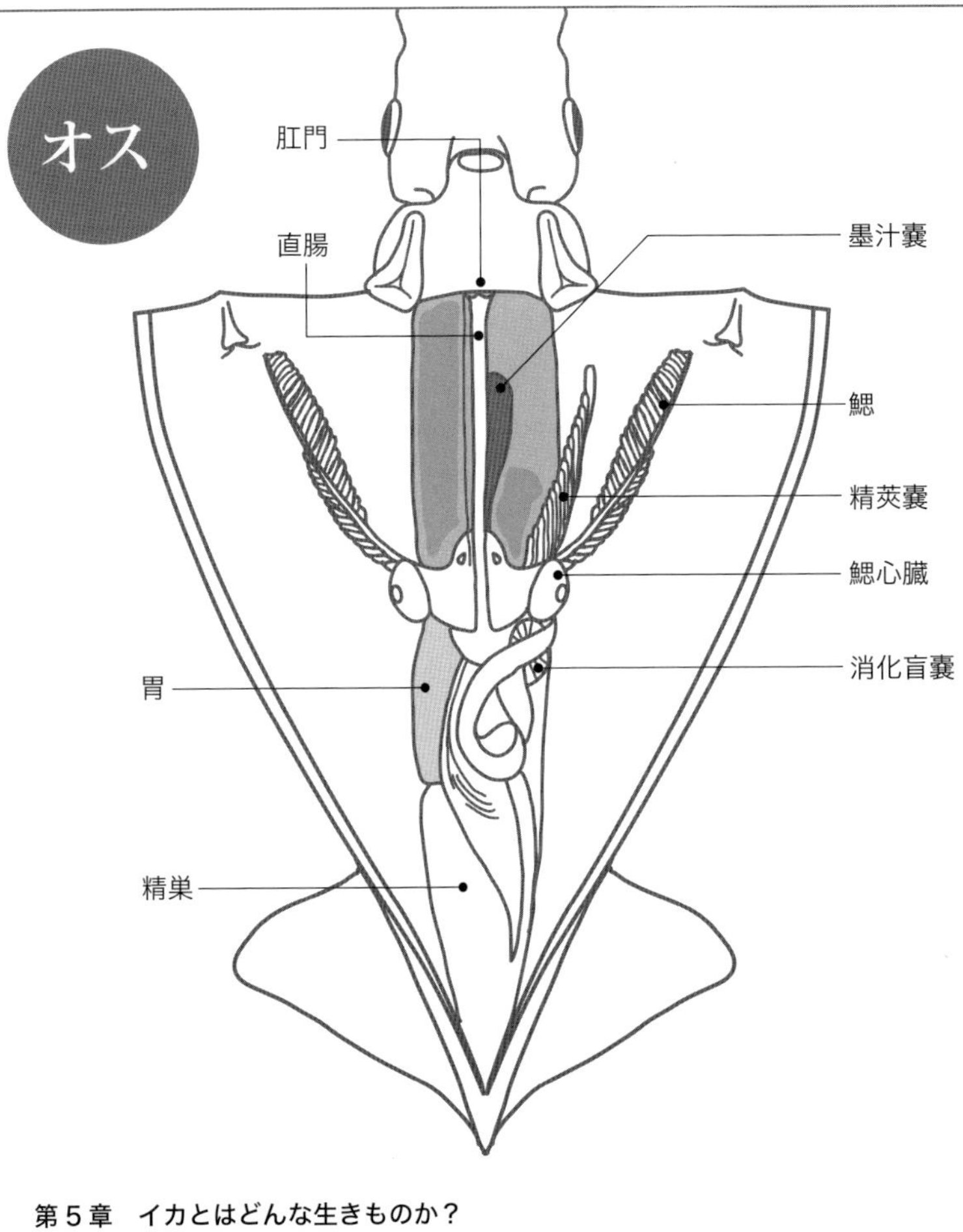

第六章

タコとはどんな生きものか？

マダコがこちらを睨んでいる

カメラマンからの視点

私がタコに出会ったのは、小学校の遠足で、千葉県の金谷へ行った時です。海へ着くと、海岸から日焼けしたおっさんが、右手にヤスを持ち、左手にタコをぶら下げて、こちらへ向かって来たんです。タコはぐにゅぐにゅと動いていて、おっさんの腕に吸い付いて離れない。その時、おっさんがバリバリとタコの吸盤を剥がしました。その音がずっと耳に残っていたのが印象的でした。

その後、この気持ち悪そうなルックスの生き物に水中で会うたびに、目を奪われずにはいられない存在になったのです。その後、私はカメラマンとなり、テレビ番組で、タコの興味深い生態、つまり、その一喜一憂の動作を撮影しようと思って、館山の海へビデオカメラを持ち込みました。しかし、冬は、タコに出会うチャンスがありませんでした。

ところが翌春になると、水深一メートルから二十五メートルの海底のあちこちで、その姿を見掛けるようになったんです。その時は、雌雄の区別も分からず、なんで春には多くのタコが見られるんだろうと思っていました。

その答えは直ぐに分かりました。タコたちの恋の季節になったからです。二匹のタコが寄り添って、しばらくするとオスの足が伸びて、もう一ぴきのメスの漏斗の脇に入って行きます。オスとメスが顔を合わさなくても、涼しげに愛の行為が行なわれたんです。

そして時間が経つにつれ、メスの漏斗が震えるように立ち上がり、しばらくすると体全体をグ～ンと伸ばしてから、ガクッと悶絶したのです。何をどう感じて悶絶したのか分かりませんが、この一件があってから、ますます

タコの中央部分は頭でなく胴体

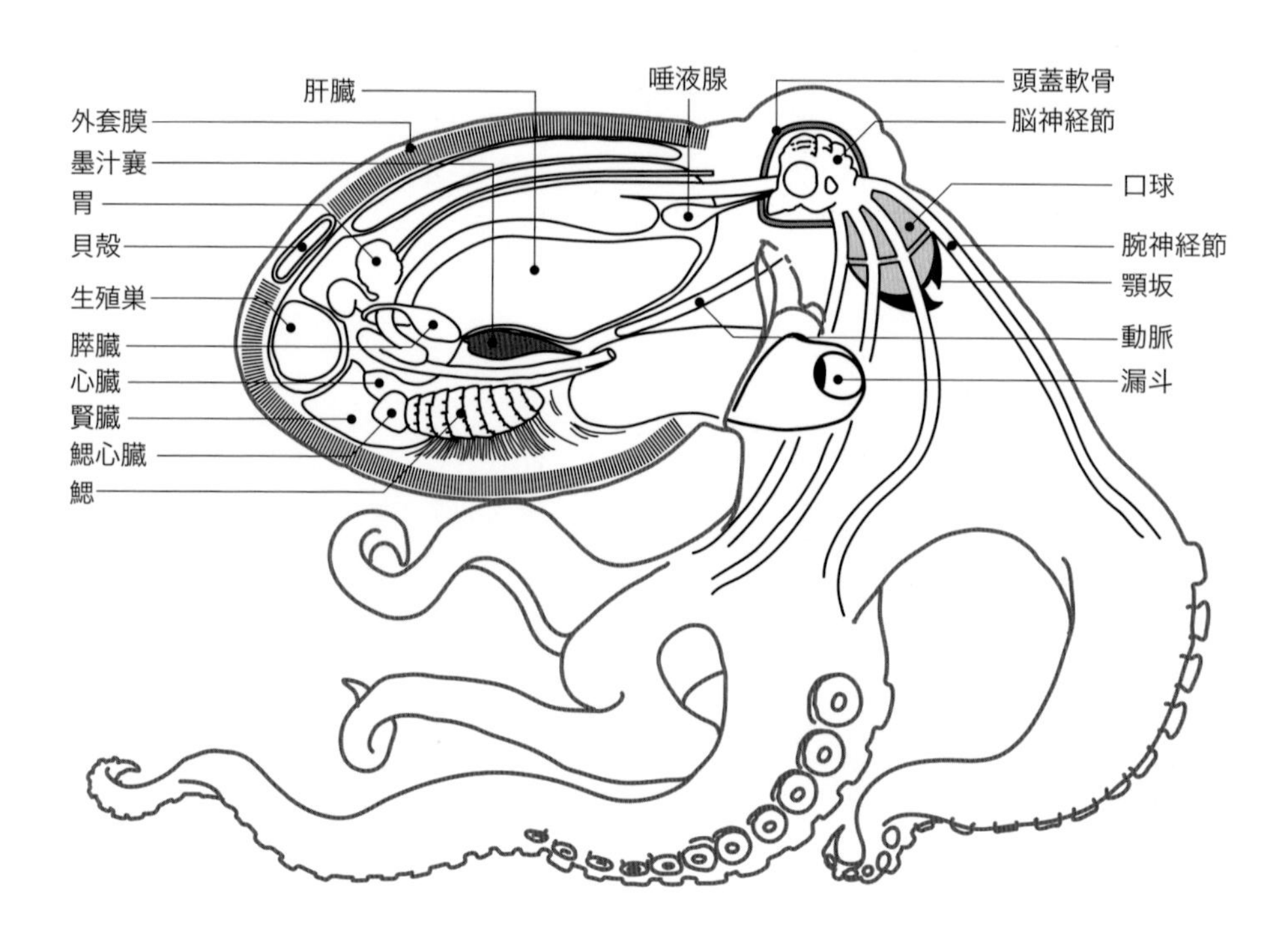

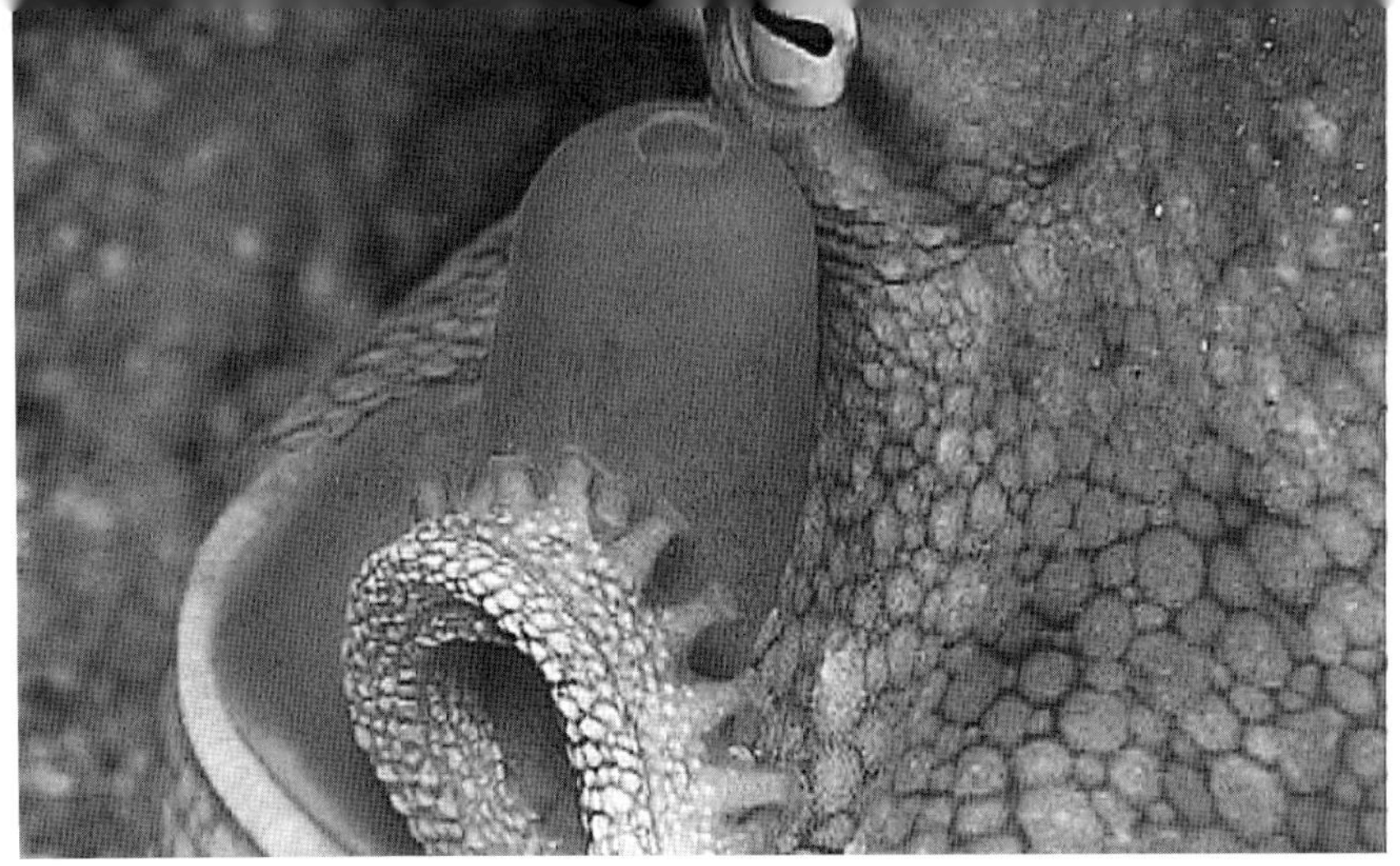

眼の下に見えるのが漏斗

タコに興味を覚えるようになったわけです。これまで多くのタコを見て来ましたが、タコにも美人とガラの悪い悪人顔をしたタコがいるんです。このことを知って、ますます興味を持つようになりました。

ちなみに、タコの巣穴は簡単に見つけられます。タコの餌である貝や甲殻類の残飯を、巣の周りに置いてあるからです。

そのため巣の前にカメラを置き、しばらくしてから五十メートル離れた船からスキューバタンクを背負って飛び込みました。後で、その映像を見ると、何と最初はタコが巣穴から半身乗り出していたのですが、音を聞くととたんに体色を変え、隠れるようにして奥へ引っ込みました。

なぜ、こんなに反応が早いのか分かりました。それはタコの表皮が、柔らかくスクリーンを張った集音機の役目をしていたのであろうと思います。今考えると、タコを毎日観察しているうちに、タコのほうも私の様子を見ていたため、こんな反応をしたのです。

ある日、人差し指をタコの足に当てがい、指で信号を送ってみました。最初は何の反応も示さなかったのですが、数を重ねるにつれて、明らかに反応をしているように吸盤に力を入れたり、緩めたりしていたのです。それはまるでE・Tの映画の世界の心持ちでした。

しばらくするとメスが、急に巣穴の中を吸盤で綺麗に掃除して何かを待っているようでした。

次の日、覗くと天井から藤の花のように垂れ下がった卵を確認することができたのです。このメスは、私のレギュレーターの呼吸音で、友達であることを見分けているようでした。

産卵から十五日経った頃、意外なこ

漏斗で呼吸をしながら巣の外を観察

とに気づきました。メスは漏斗で卵に新鮮な水を吹き掛けているのです。その時､足の間にカニの足が見えました。今までメスは卵を守って餌を食べずに寄り添って面倒を見る、と聞いていましたが、なかには産卵後に餌を食べていることが分かりました。それがどのくらいの割合かは分かりませんが、産後にメスが死んでしまうということは全部にはいえないだろうと思います。

孵化が近づくにつれて、タコの巣の周りにはトラギスやベラが集まって来ます。

タコは利口です。卵の中心は孵化寸前でも、一番外側に産んだ卵は時間差を利用して発達未熟と思わせるように産んでありました。そして孵化が終わらない間に、親ダコは巣穴から消えてしまったのです。近くを探ってみましたが、とうとう見つけることはできませんでした。

タコの喧嘩

イカの愛の争奪戦は有名ですが、タコも同じようにメスを求めての争奪戦やテリトリー確保のための戦いを展開します。そのため猛烈な勢いで喧嘩をします。ところが、一方のタコが、負けたと思い、力を弱めた瞬間、勝負が決まるのです。

その場合、勝ったタコは、負けたタコをなおも追い詰めて攻撃するようなことはなく、勝負が決まった瞬間に両者が力を抜き、それ以上戦いません。負けたタコはすごすごとその場を立ち去るのです。それがタコ社会のルールなのです。

マダコを考える

これまで多くのタコを取材して来ましたが、その中心はやはりマダコです。それは私が取材する関東周辺では、

卵を守っている間でもお腹が空けばカニなどを捕食している

マダコをよく見かけるからです。マダコは海底で活動範囲が狭く、魚と違って遠くまで行かないので、生活を追うことが可能なのです。

例えば巣から出て獲物を狙い、相手のタコとの出会い、交接し、産卵し、そして孵化といった生態を見せてくれます。そういう生活が面白いのです。ですから、今回発表したタコの映像はマダコが多いのです。

マダコの体の構造

タコはイカと違って触腕が無いので腕は八本です。

まず体全体に大きく見えるものは、頭だと思っている方が多いのですが、これは胴体です。

胴体には脳、鰓、胃、心臓、腎臓、肛門、生殖腺など様々な臓器が収まっています。それでは重要な器官の説明をいたしましょう。

●心臓

タコの心臓は三つあります。一つはメインの心臓で、人間の心臓と同じように全身に血液や酸素を送ります。残った二つは鰓の心臓と呼ばれ、左右の鰓に一つずつついています。タコの体は九割が筋肉といわれ、猛スピードで逃げる場合、大量のガス交換を必要とするため、心臓が三つあるといわれています。

●脳

タコの脳の一つは本来の脳で、それぞれの腕に神経節が存在しています。行動する場合、脳からそれぞれの腕の神経節へ指令が送られ、その指令に従って腕が行動するのです。そのためタコの腕は獲物の捕獲から卵の世話まで多種多様な動きができるのです。

●漏斗

漏斗は腹部の下にあり、水流を噴射して浮力と推進力と舵の役目を果たし

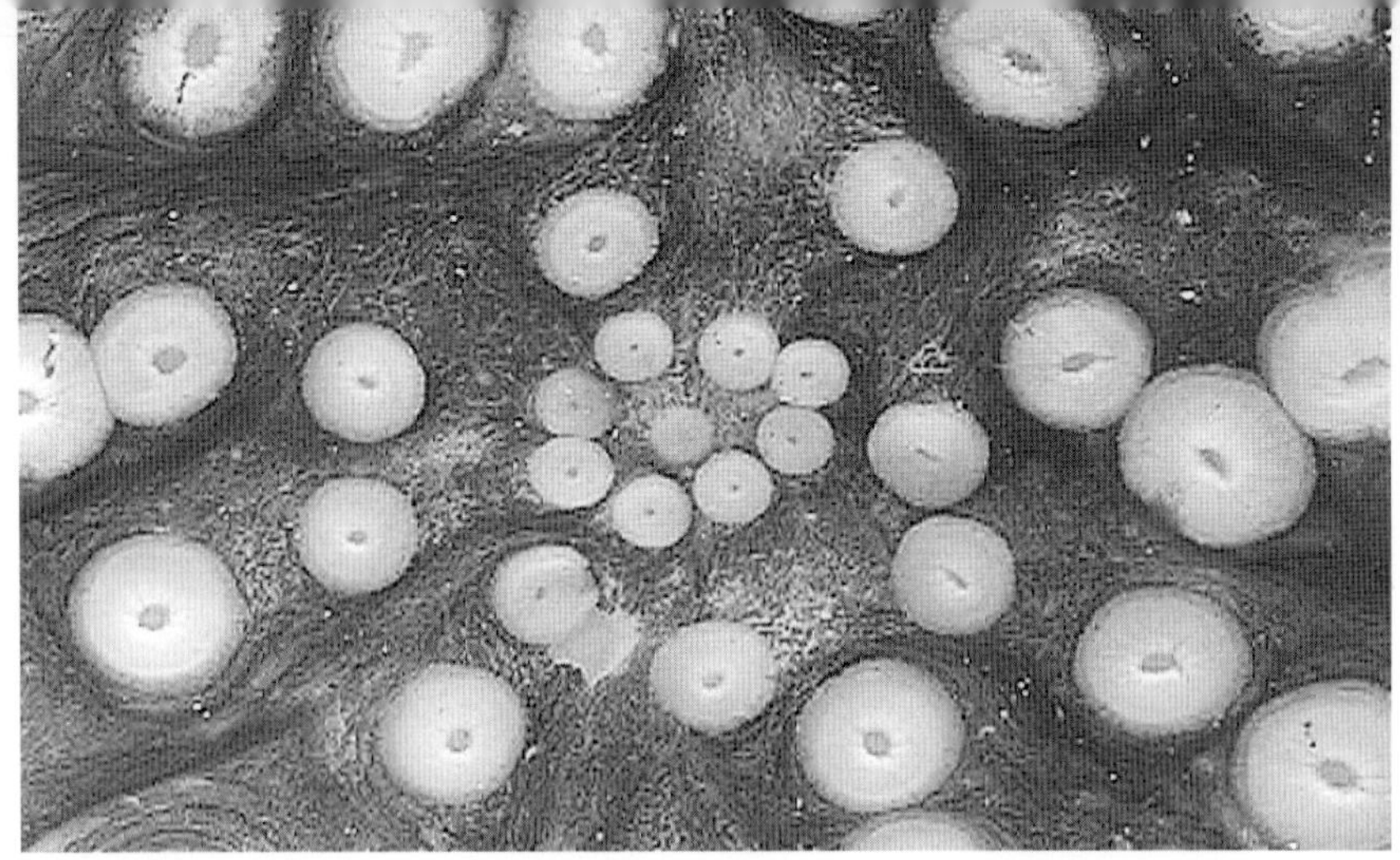

中央にあるのがタコの口

ています。危険が迫ると漏斗から水を強く吐き出し、スピードを上げて逃げます。また体内の排泄物もそこから吐き出します。

さらに卵を産んだ場合、その卵に新鮮な水を吐きかけて世話をします。そして卵から赤ちゃんが誕生した場合も、水を吐き出して、遠くへ飛ばすこともします。また漏斗を良く見ると、単に筒のような形をしていますが、前後左右に動きますので、自由自在に水を放出することが出来るのです。そのため巣の中に砂が溜まった場合、漏斗から水を吐き出して、清掃します。

●口

口を漏斗と思っている人が意外と多いのですが、タコの腕の中央にあるのが口です。

口は口球という筋肉に包まれた塊の中で、そこにはカラストンビという鋭い嘴があります。この鋭いカラストンビで獲物を食いちぎります。

●腕（足）

タコの腕は、八本あるということは皆さん知っていますが、マダコの場合はオスの右側第三腕が交接腕となっています。つまりオスがメスと交接する場合、その交接腕で精莢をメスの外套膜の中に差し入れて卵巣に送り、受精させる役目を果たすのです。

●吸盤

タコの吸盤は、一本の腕の中で三つの要素に分かれています。

まず腕の先端は、触覚のある部分です。これはアンテナの役目を果たしています。つまり目の前に何かがあると、先端で触り、その判断をします。例えば穴に腕を入れて餌を探します。また出会った相手がどんな様子なのかを探ります。

写真にあるのは、産んだ卵を先端で触り、卵が無事に生育しているかどうか、ゴミが付いていないかどうかをメンテナンスしているところです。この触手で、体内の卵を外套膜下から引き出す役目も行っています。

次に腕の真ん中、先端の触覚からの情報を得て、その物を引き寄せ、時には、相手に対して攻撃するような役目も果たします。

一番根元近くにある大きな吸盤は、力が強くて肉厚です。だから巣を作る場合、大きな石を運び、押しのけるといった力技に使います。つまり、一本の腕でも、その部位により吸盤の大きさも違っているのです。

さらにタコには腕を使って敵を騙すという行為をします。それはどういうことかというと、タコの卵の場合、発育の悪い卵を岩棚の外側に出し、トラギスなど周囲の魚達に見せるのです。そのため、まだ赤ちゃんの孵化は先かなと思っているうちに、奥の健康な卵から赤ちゃん達が孵化するのです。周囲のトラギスは、外側の未成熟な卵を見せられて騙されてしまったのです。タコは、こういう頭脳的なことをするのです。

●眼

タコの眼は、人間の眼の能力に近いといわれています。実際、私を見る眼は、敵とみなし、相当にきつい眼をします。

その眼の能力ですが、相手を見る場合、遠くでよく見えない場合は、体を乗り出して来てこちらを見ます。

また眼の周囲には、二本の突起を出してみたり、目の周辺に黒い模様を出したりして相手を威嚇します。

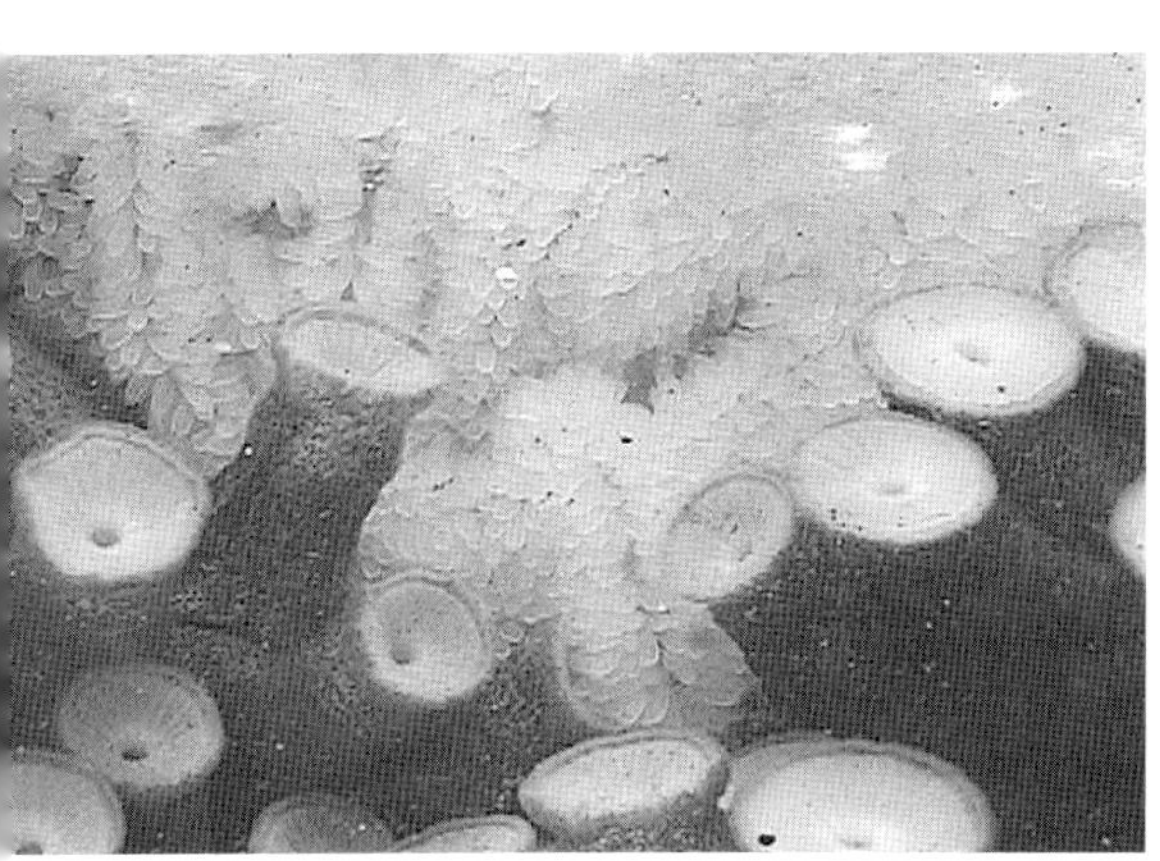

腕と吸盤で卵をメンテナンスしている

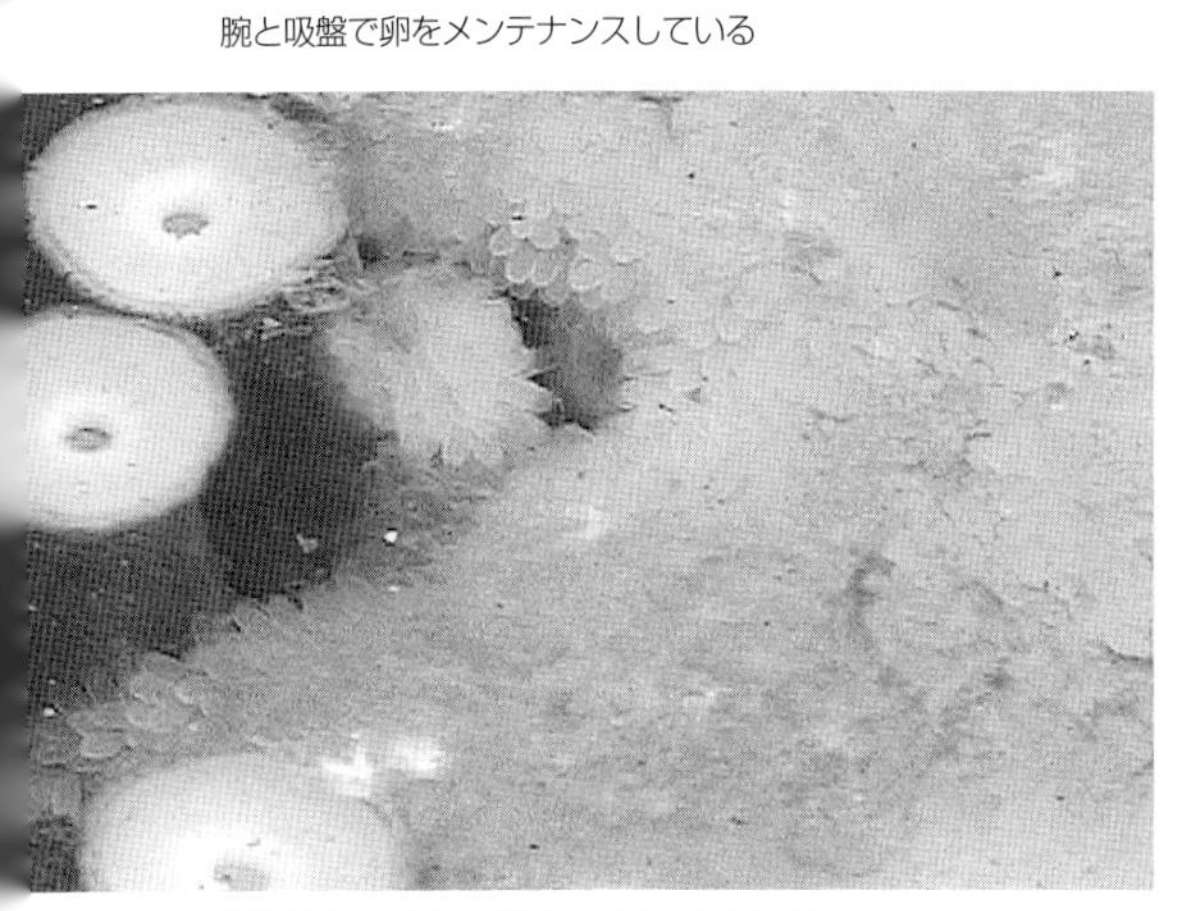

吸盤を巧みに使って卵を天井に貼り付ける

第七章

知っているともっと面白い イカ・タコQ&A

イカ・タコについて知っているつもりでも知らないことがたくさんあります。そこで監修をしていただいている奥谷先生に、イカ・タコについての一般常識をお聞きしてみました。

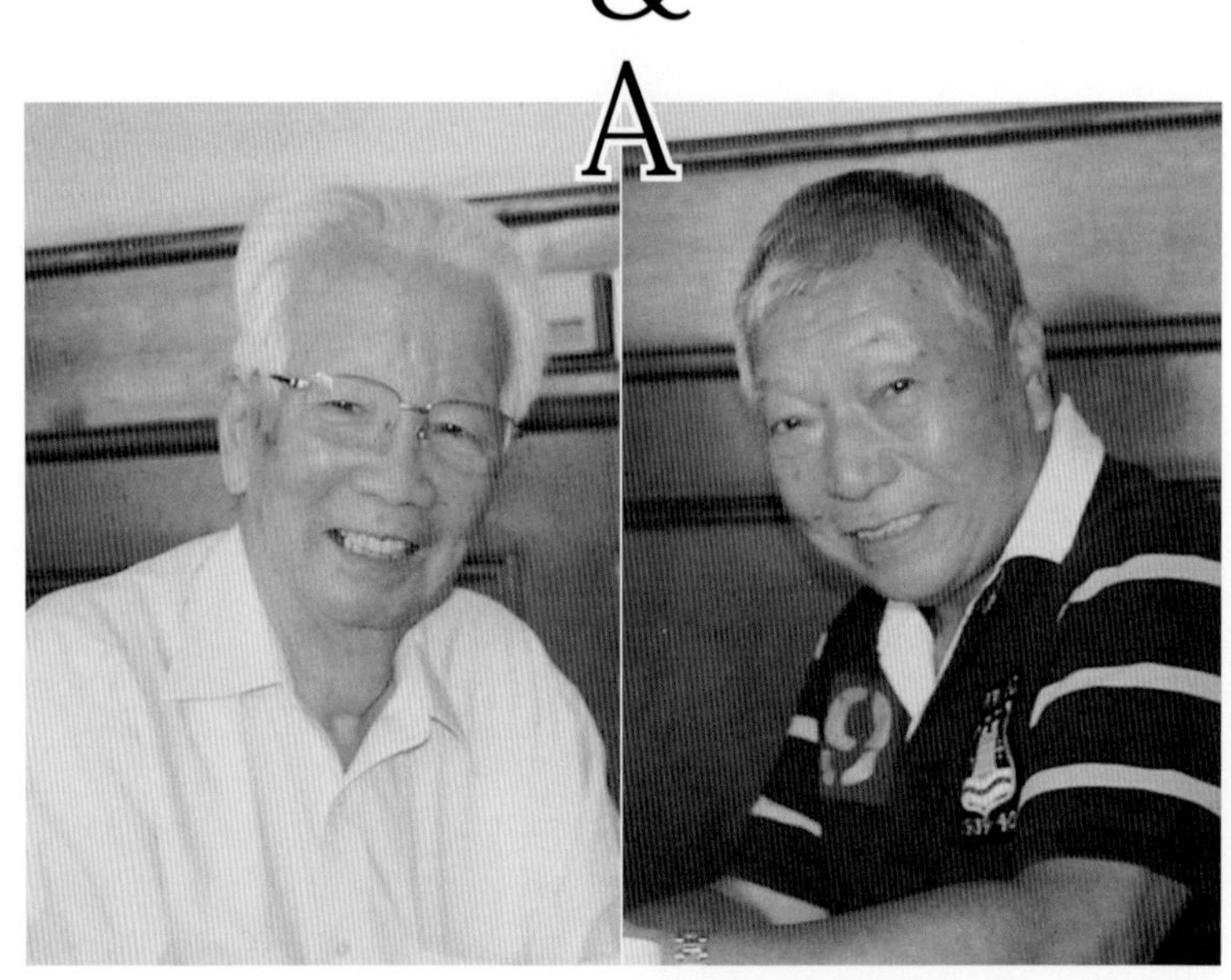

巨大なミズダコから小さなヒメイカまで多様性のあるイカ・タコの世界

●DNAで判定する

Q　今、世界中にイカの種類は何種類いるのでしょうか？

A　そうですね。今知られているのは、世界で五百種ぐらいですね。そのうち日本では百四十種くらいですね。

Q　くらいというのは、どういうことですか？

A　それは新種の発見やこれまで別種だと思われていたのが、一つの種類であったりするんです。例えば一九七三年に新種と記載されていたアブライカは、その後、フィリピンスルメイカと同種に認められたんです。さらにそのイカは、一九一二年に新種として記載されていたハワイスルメイカと同種に認められたんです。

Q　そうすると二種類減ったことになりますね。

A　そうです。例えばダイオウイカは、世界のあちこちの海域に生息しているんですが、それぞれのダイオウイカのDNAを調べてみましたら、何と一種類だったんです。

Q　そうしますと、新種の判定には、DNAが大きな役割を果たしているんですね。

A　そうです。日本でも人気のケンサキイカも、かなり分布の広いイカなので、DNAの分析によっては、何種類ものイカに分類されるかもしれませんね。

Q　かなり流動的なんですね。

A　そうなんです。

Q　これは初歩的で、単純なことで申し訳ないんですが、ダイバーの間では、イカの前と後ろはどっちなのか分からないんです。

A　そうなんですか？

Q　ええ、例えばイカのとんがっているほうが頭なのでしょうか？

A　図を見てもらえば分かるんですが、とんがったほうが後ろで、俗に耳とか、エンペラと呼ばれている三角帽子のようなものがヒレで、胴体は外套膜で覆われているんです。ですから眼や口のある頭のほうが前なんです。

Q　そうすると前は足のほうですか？

A　そうです。

Q　すると十本の足は頭から生えているんですか？

A　そうです。この特徴からイカ・タコ類は、頭足類と呼ばれているんです。

Q　なるほど。ところで、また初歩的でつまらないことをお聞きします。イカ・タコの専門書を見ますと、イカの足のことを「腕」と書いてありますが、足ではないんですか？

A　学術的には足です。イカの足を「ゲソ」といいます。ゲソは下足から来た言葉なんです。しかし、イカ自身、その足で、メスを抱きかかえたり、餌を獲ったりしますので、「腕」と呼んでいるのです。人間だって誰も「前足」っていわないでしょう。

またとない機会とばかりにこれまでの疑問をぶつける筆者

Q　そうですね。足でそんなことできませんからね。ところでダイオウイカは巨大なイカとして知られていますが、どのくらい大きなイカなのですか？

●マッコウクジラとの戦い

A　ダイオウイカは、窪寺恒己博士が小笠原で釣り上げたことがありますが、胴長約二メートルぐらいです。触腕の先端まで四・五メートルぐらいです。ところがギネスブックによりますと、一八七九年一月三十日の『ボストントラベラー』誌に載った記事では、ニューファンドランドに漂着したダイオウイカは、口先から体の後端まで六・六メートル。触腕は十一・五メートルもあったんです。

Q　物凄く大きいイカですね。

A　いや、その後、バハマ諸島では全長十四メートルのイカが見つかったといわれています。

Q　それは凄い。まるでモンスターじゃないですか。これではイカが船を襲うといった中世のクラケーン（海魔）の作り話もできるわけですね。ホホジロザメでジョーズというモンスターを作ったようにね。ところで、最小のイカはどのくらいですか？

A　日本の近海では、ヒメイカが胴長

人気の高いケンサキイカの分布はかなり広い

十六ミリくらいです。アマモが生い茂る浅瀬に棲んでいます。

Q そんな小さいイカもいるということは、いかにイカの世界も多様性があるということですね。ところでイカやタコは心臓が三つあると言われていますが、どう使っているのですか？

A それは他の動物と同じような心臓を持っています。ただ活発な行動をするイカにとって、鰓でガス交換するため鰓にはもっと多くの血液を送る必要があるのです。そこで左右の鰓の根元にポンプ、つまり心臓がついていて、本来の心臓と合わせて三つの心臓があるということなのです。

Q そのため急速に逃げる、敏速な行動ができるわけですね。ところで、イカは、主に何を食べているのですか？

A イカはご存じのように狩りをします。陸上で例えるならライオンやオオカミのような肉食動物で、水中ではエビ・カニや小魚類を襲って食べます。ただ沖合のスルメイカは、オキアミやクラゲ類など浮遊性のものを食べています。オーストラリアコウイカは、海底に横たわっている死んだ魚も食べているのです。また同種のイカも共食いするんです。

Q 共食いするんですか。タコと同じで、何でも食べるんですね。ところで子供っぽい話なのですが、よくダイオウイカが、マッコウクジラを襲うという俗説がありますが、本当の所はどうなのですか？

A 昔から海洋冒険小説の中には「クジラと巨大イカの戦い」が面白おかしく書かれています。そこで実際にマッコウクジラの胃の内部を調べてみますと、ダイオウイカのカラストンビが出てきます。ですからダイオウイカがいかに巨大でも、頑丈な歯と顎を持っているマッコウクジラにはかなわないの

でしょう。だから現実には、ダイオウイカはマッコウクジラに食べられているだけなんですよ。

Q　なるほど。イカ・タコの頭足類はどんなに大きくても、哺乳類にはかなわないということですね。

●吸盤の能力が高い

Q　タコというのは、世界に何種類いるのですか？

A　タコはイカより分かっていないんです。世界では三百種ぐらいですね。日本では六十から七十ぐらいいると思われます。つまり海底生活をしている普通のタコ。つまりマダコなどです。ところが一生海底に降りることがない浮遊するアミダコ。次に深海に棲んでいるタコなど三つのパターンがありますから、なかなか分からないんです。

Q　タコの吸盤とイカの吸盤の違いは何ですか？　違いは分かるんですが、学術的にどう違うのか、そこを知りたいんです。

A　タコの吸盤は柔らかくて、車の窓

世界一小さいヒメイカ

にくっつくと離れないゴムやビニールの吸盤に似ています。吸盤の付着面には筋肉が放射状と同心円状に配置しているんです。電子顕微鏡で見ますと、放射状筋の上にさらに超微小な吸盤が並んでいます。

Q　それは凄いですね。そのため大きな岩も持ち上げるんですね。

A　凄いのは、それだけではないんです。

Q　どういうことですか？

A　吸盤でくっつけるだけで物の形が判別できて、味も分かるといわれています。イギリスのJ・B・メッセンジャー博士の研究によりますと、マダコの八本の腕吸盤には二億八千万個の感覚細胞があるそうです。

Q　それで触ると、餌もメスダコの相性も分かるんですね。

●共食いするタコ

Q　世界で一番大きなタコは何ですか？

A　ミズダコです。腕を左右に広げると三メートル。体重は三十キロです。

Q　この大きさのタコなら大変です。かつてダイバーが、水中で抱きつかれてレギュレーターを取られて死亡した事故がありましたけど、三十キロだったら海の中ではかなわないですよ。水中でミズダコに遭ったら気を付けなければいけませんね。ところで、水中では、タコはどんな物を食べているのですか？

A　タコで有名な、明石のマダコの胃内を調べたところ、甲殻類が三十五パーセント。マダコが六パーセント。魚類四・四パーセントとなっています。

Q　マダコというのは共食いもしますか？

A　そう思っています。

Q　死んだ仲間のタコを食べたのだろうか？　しかし、やはり甲殻類が一番多いですね。

A　そうです。マダコの後唾液腺から分泌されるチラミンは一瞬にして甲殻類を麻痺させてしまいます。それも外骨格だけ残して上手に食べますからね。マダコは貝類も食べます。貝類に小さな孔をあけ、そこから麻酔毒を注入して開けるのです。タコはアワビを食べる時、アワビの呼吸孔をふさいで窒息させるといわれていましたが、徳島県水産試験場の小島博氏は、マダコ

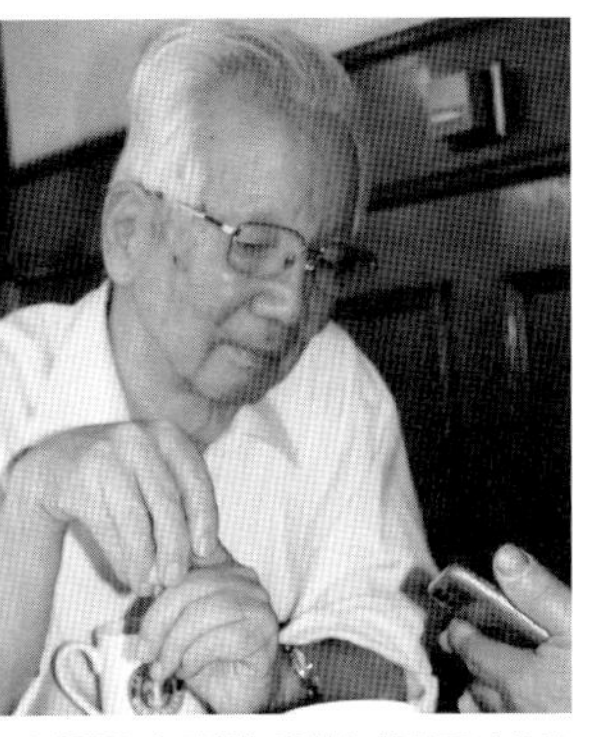
どんな質問にも真摯に明快に答えてくれる奥谷先生

がアワビの殻にも穴をあけることを確かめました。イギリスのM・ニクソン博士は、タコの開けた孔は、タコの歯舌の歯のサイズより小さいことに気づき、唾液腺乳頭に、第二の歯舌とも呼べる穿孔専用のトゲがあるということを見つけたんです。

●日本人はいつからタコを食べていたのか？

Q　タコというとどうしてもタコ焼きを思い出してしまうのです。タコ焼きの起源は大阪の会津屋の遠藤留吉という人が、一九三三年（昭和八年）に始めたということになっていますが、日本人はいつからタコを食べ始めたのですか？

A　兵庫や堺市の遺跡から弥生時代のイイダコを獲る蛸壺が出土していますから、日本人は先史時代からタコを食べていたと思います。

Q　美味しかったのでしょうね。ところでタコは蛸壺で獲ると思っていますが、それだけですか？

A　いえ、そうではありません。日本では、毎年、五万トン前後のタコを獲りますが、そのうちの半数は蛸壺やトラップによるもので、三分の一は、沿岸の小型底引き網や沖合底引き網、船曳網などの引き網漁によるものです。残りは定置網や擬似針を用いたタコ釣りなどです。

Q　タコはどうして蛸壺に入るのですか？

A　諸説ありますけど、マダコは獲物を獲った後、自分の巣穴に持ち帰りたいのだけど、距離がある。そこで安心できる隠れ家があれば、そこで食べる。その安心できる隠れ家が蛸壺なんじゃないんですか。蛸壺漁師にいわせると、蛸壺は内部がきれいでないと入らないらしいんです。

Q　なかなか好みがあるんですね。ところで、最近、スーパーマーケットの魚屋へ行くんですけど、マダコと表示してあっても、日本のマダコではない。

A　外国産のマダコが多く入って来ていますからね。例えばアフリカ北西岸の漁場は、日本の遠洋トロール漁船によって一九五九年に開発されましたが、現在はモロッコやスペイン、モーリタニア、韓国などから入って来ます。それらは大部分アフリカ北西岸のマダコなんです。

Q　いわば日本人は、世界中からタコを買っているんですね。

A　そうです。全世界で獲れる半分は日本人が食べているんじゃないですかね。

Q　それだけ日本人はタコ好きなんですね。今日はお忙しいところありがとうございました。

（2021年1月25日、新百合丘の喫茶店）

第八章

イカの恋と産卵

イカの恋の争奪戦は人間を遥かに超えている

イカほど自己中心的な生物は少なく、
自分の気に入った相手でなければ
交接しないし、
産卵場所においても妥協しません。
そんなイカの生態を紹介しましょう。

アオリイカの恋の季節から産卵

●オス同士の戦い

釣り人や、一般の方に人気のあるアオリイカの四季を追ってみましょう。

アオリイカは三月から五月にかけて、日本の沿岸に寄って来ます。それは産卵のためなのです。産卵場所は藻場です。最初は数匹でやって来ます。そして適当な産卵場所を探します。少しすると私が「小隊」と呼んでいる五～六匹のイカがやって来ます。

この藻場ですが、かつては「藻イカ」と呼ばれるくらい藻場を好むのがアオリイカだったのですが、今は、その藻場も急激に少なくなっています。そのためアオリイカは、ヤギの仲間や漁網のブイの下などに産卵することが多くなりました。

この小隊がやってきた後、「中隊」もやって来ます。これは二十匹もの群れです。この中には、オスもメスもいます。むしろオスが、メスを伴ってやって来たといってもいいでしょう。その時に、メスを巡って、オス同士の激しい争奪戦が始まるのです。

例えば、ペアになりかかっているカップルに、他のオスが猛然と挑みかかって来ます。するとカップルのオスは、猛然と反撃します。その戦いは激しいもので、体に噛みついたり、腕を食いちぎったりするものです。

戦いの後、敗れたオスはすごすごと引き上げますが、未練たらしく遠くから見ていて、ついて来るオスもいます。

藻場で産卵するアオリカイカ

アオリイカのペア

イカにとって、自分の遺伝子を残すことができなかったことが残念でたまらないのでしょう。

●交接シーンが見られる

カップルになったオスは、上を泳ぐメスの目を見ます。そしてメスに合図を送ります。それは一度、メスの前に出て、くるりと後ろを振り返り、下から交接腕をメスに向かって伸ばし、精子（精莢）を漏斗の脇からメスの外套腔内へ入れるのです。

この場合、時によっては、オスのこの行動が気に入らなかったメスは、体を振って交接を拒否することがあります。やはりイカでも相手によって好みがあるのでしょう。

●産卵行為

交接が終わると、直ぐに産卵が始まります。

産卵場所は、すでに何匹かのペアが、以前に産卵した場所へ集まることが多いのです。そのほうが安心なのでしょう。それは産卵しても潮で流されることがないという確認からかもしれません。

ただ、その場合、すでに多くのメスが産卵しており、まるで白い卵嚢でお花畑のようになっています。すると、とんでもないことが起こります。それは何と、後から来たメスが、前任者の産んだ卵嚢を蹴散らかして、その空いた場所に、自分の卵を産み付けます。前任者に対する配慮はまったくありません。そのあたりにもメスの荒々しい野生を感じさせられます。そのため蹴散らかされた卵を、多くのダイバーが目にすることになるのです。

産卵場所のヤギの根元には、五個から六個程の卵が入った房が産みつけられます。産んだ時には透明ですが、し

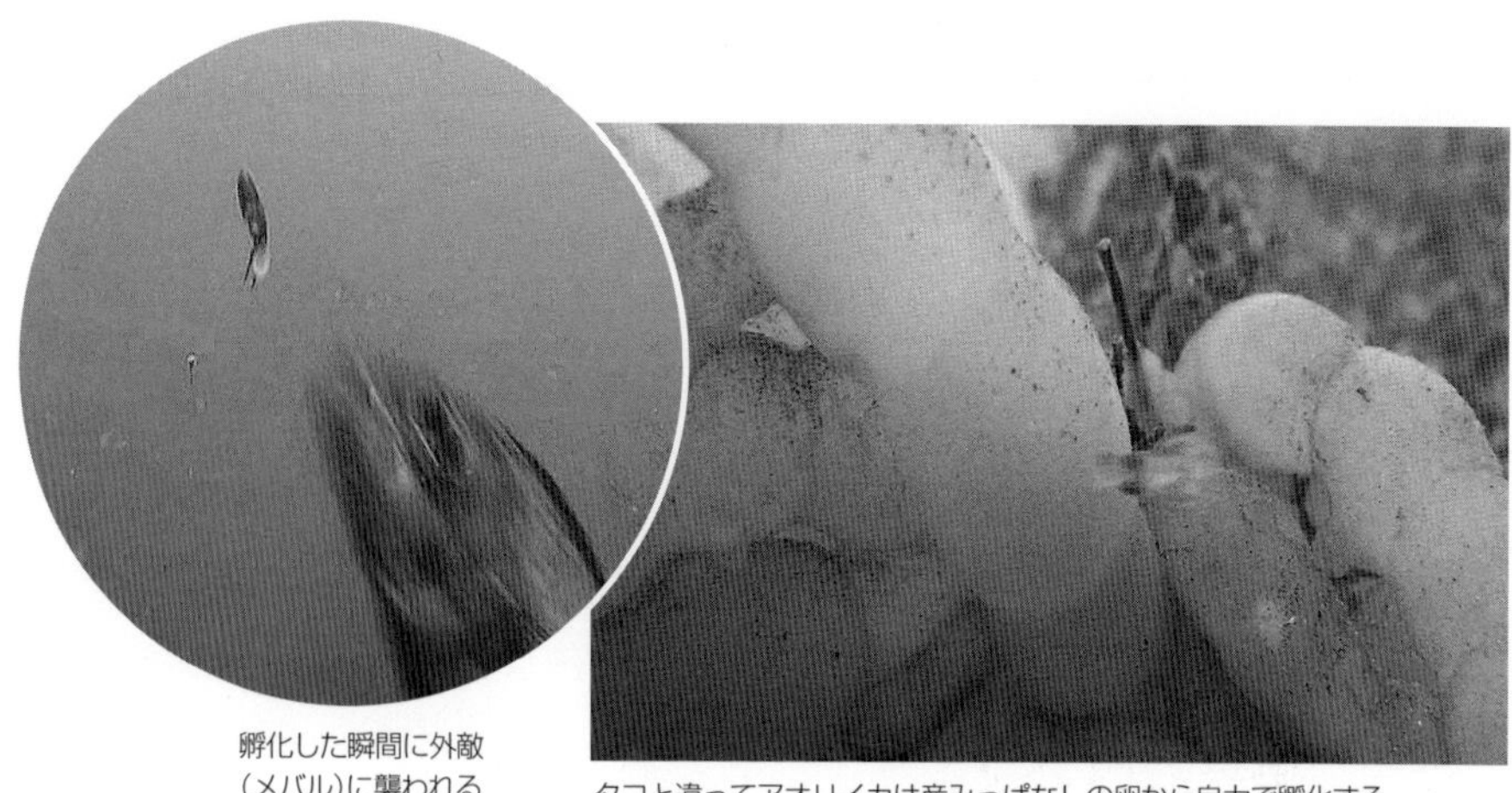

孵化した瞬間に外敵
（メバル）に襲われる

タコと違ってアオリイカは産みっぱなしの卵から自力で孵化する

ばらくすると海水を含んだためか半透明の色彩に変わります。

このようにメスが行動をしている時、オスはその周辺をホバリングしながら警護しています。もし、ライバルのオスや魚達の闖入者が現われた場合、体を張って対抗するためです。

●孵化

卵は気候や水温によって違いますが、一か月位で孵化します。

タコと違って、イカにはヒレや軟骨があるので、それを使って卵の殻を破って外に出るのです。ただし、孵化するにしても、決して、そこは安全な場所ではありません。

それはベラやメバルなどの外敵が、孵化する赤ちゃんイカを狙っているからです。というよりも、卵の中の赤ちゃん達の動きを察知し、孵化を待っているのです。そんな中で誕生するのは大変です。しかし、孵化した赤ちゃん達もむざむざと食べられてしまうわけではありません。敵から襲われそうになると、体から墨を吐いて煙幕を張り、逃げ出すのです。

慌て者のメバルの中には、赤ちゃんの吐いた煙幕を間違って食べ、口から墨を吐いている者もいます。墨はやはり、延命のための役目を果たしているのかもしれません。生まれながら墨を持っているなど、いかに危険な世界への旅立ちだということかが分かるでしょう。

●流れ藻に隠れる

外敵から逃れた赤ちゃんは、まず身を守る物を探します。その一つとして、潮に乗って流れて来る「流れ藻」があります。この流れ藻は赤ちゃんにとって、格好の隠れ家です。ここで身を隠して、安住の場所を得るのです。

上を泳ぐメスの目を見ながらオスが交接する

濃くて拡散しにくいイカの墨は敵の目を欺く分身の術

やや成長した小イカの群れはまさに上の写真とそっくり

そして、流れ藻についているプランクトンや小さな生き物を捕食して生きていくのです。いわば流れ藻が、赤ちゃんにとって保育器のような存在かもしれません。しかし、この流れ藻にも、ハナオコゼや回遊魚などが一緒にいることがあり、まったく安全という訳ではないようです。危険とは、いつも隣り合わせなのです。

●群れをなして大人の世界へ

流れ藻で育ったイカは、九月になると成長し、岸壁や船着き場の浅瀬で、その幼い姿を、群れで見ることができます。そして、少しずつ成長していくにつけ、イカは、メバルやゴンズイなどの幼魚を襲って、食べるのです。

イカが十五センチ程に成長するにつれ、少し沖に出て、群れを作ると思われます。この頃になると、釣り人達と丁々発止とやり合います。

ヒメコウイカの仲間の四季

●イカがタコに恋愛感情？

ヒメコウイカの仲間は、通常は、伊豆や館山などの日本の近海でよく見かけられます。とくに砂場と岩場の境目を泳いでいる姿を目にします。このイカは、小さいのに発色が良く、ダイバーに見つかった時などには、ネオンサインのようにピカピカと体を光らせて反応します。

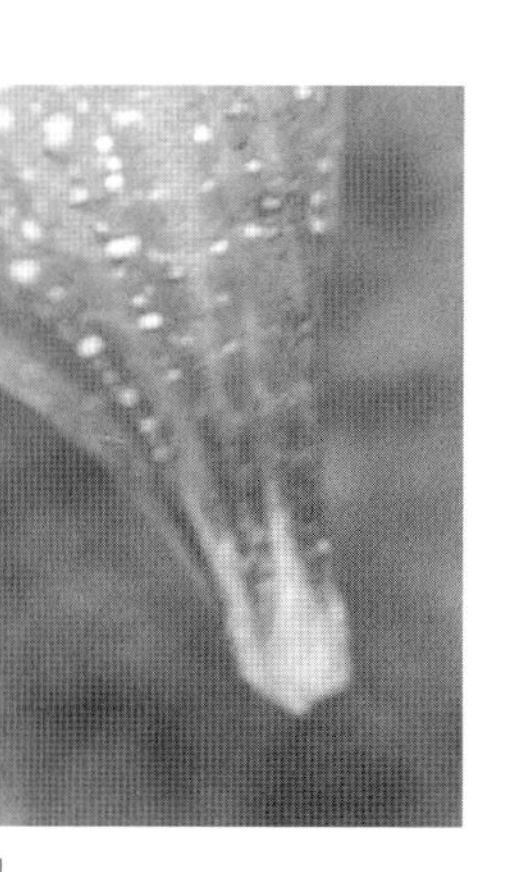
卵を産むスジコウイカ

このイカの仲間は、日本のみならず、オーストラリアの海でも良く見られます。そのためこのイカの種類について同定することがなかなか難しいですので、その点、ご容赦ください。

ある時、一匹のヒメコウイカが、目の前のタコの姿をじっと見ている光景に出合いました。ところが、イカに見られているタコも変わっていて、何に興味あるのか、じっとヒメコウイカを見つめ返し、体色を変えて訴えるような様子を見せます。

その光景を見ていると、まるで両

スジコウイカの交接シーン

者で、ラブコールを送っているようかのように見えます。この光景にはびっくりしました。そこでどうなるのかと思って、しばらく見ていますと、二匹はまるでペアのように寄り添ったのです。これは非常に驚きました。イカとタコの間で恋愛感情があるなどということは、今まで考えられないことだったからです。

●オスは延々とアプローチ

ヒメコウイカの雌雄が、ペアを組むのにはドラマがあります。オスがメスを絶えず探し回って、見つけると、くどい程まとわりつくのです。ある時には、二本の腕を頭の上に持ち上げてアプローチします。これが挨拶なのです。

ところがメスは、まったく乗り気ではありません。

「そんなに私は安くないのよ」と言わんばかりで乗って来ません。ところ

中央のヒメコウイカが、左のタコに興味を示している

ここなら安全とカイメンに卵を産むヒメコウイカ

がオスは諦めません。しかし、メスは何度もチを続けます。延々とアプローチを続けます。しかし、メスは何度も拒否します。しかし時間がたつにつれ、その執拗さに負けたのか、しばらくすると、メスは仕方なく、相手を受け入れます。

つまり十本の腕を上げてオスに向かって、オーケーのポーズを取るのです。オスは喜び、すべての腕を丸めてメスに近づき、抱き合い、交接するのです。しかし、その行為はわずか二秒から三秒と極めて短いものです。それでもオスの涙ぐましい努力が報われたのです。

ところがオスのほうでは、その交接に満足しないためか、再度、交接を求めます。ところが一度は受け入れたメスも、今度はまったく受け入れず、断固拒否します。そのため欲求不満になったオスが、メスの周囲をウロウロとうろつくのです。

●カイメンに産卵するヒメコウイカ

この写真は、メスが、イソカイメンの中に、卵を産んでいるシーンです。産卵が終わると、オスが近づいて来て、再び二匹で並んで去って行きました。このカイメンに産卵すれば、外敵に襲われたり、潮で流されたりする心配がないからです。

そして一か月後に、イカの赤ちゃんが誕生します。しかし、産卵場所の周辺では餌を獲らず、潮の流れに乗って移動して、時折、着底してから再び移動します。そして流れて来るプランクトンなどの餌を獲って、生きていくのです。

しかし、そこには厳しい現実があり、生き残ることができるのは、ごくごく少ないヒメコウイカたちだけなのです。

オーストラリアコウイカの恋の争奪戦

●スニーカーを猛然と襲う

オーストラリアコウイカ。すなわちジャイアントカトルフィッシュを見たのは、南オーストラリアのアデレード北西約三百キロのワイアラの海です。ここにはオーストラリアコウイカという大型のイカが、毎年、多数産卵にやって来ます。

ここではイカ同士の激しい愛の争奪戦が見られます。オスの体長は六十センチから七十センチ。メスは三十センチから四十センチの大型ですから壮観です。

その中で、特に面白いのは、スニーカーと呼ばれるイカがいることです。スニーカーの話はたびたび登場して申し訳ないのですが、各種のイカに登場するので、了解していただきたいと思います。スニーカーの体長はメスと同じくらいです。このスニーカーは、オスとメスの争奪戦が展開している時も、絶えずメスのそばにいます。

恋の主人公はオスです。オスは、スニーカーを見ても、メス同様に愛情のある眼で見ています。それというのも、このスニーカーは、オスでありながらメスそっくりの色彩に化け、オスに媚びを売るような仕草をするからです。そのためオスは、メスだと思い、抱きかかえるような行動に出ることがあります。

するとスニーカーは、「今は気分が乗らないの」という感じで、やんわり

オーストラリアコウイカのオス

多くのオスとメスが集まり、恋の争奪戦が展開！

と断り、オスから逃げ出します。ですからオスは、メスだと思ってスニーカーに対して安心しているのです。

ところがメスたちは、その存在に気がついています。しかし気にしてはいません。

ある時、オスが他のイカに気を取られている時に、それを幸いに、スニーカーは、オスの本性を表わして、メスに交接を求めました。すると驚いたことに、メスも、それに応じたのです。てっきり強いオスだけを好むものだと思っていたのに、この行動にはびっくりしました。

同じようにびっくりしたのは、遠くにいるオスです。オスは慌ててとって返し、そのスニーカーに猛然と襲いかかります。そして腕を食いちぎったり、体を噛んだりします。しかし、不義を犯したメスに対しては何の危害も加えません。それはメスが他のオスと

オス同士の激しい戦い

交接した場合もそうです。もう駄目だと諦めたからでしょう。つまり自分の遺伝子を残せないと思ったのです。だからスニーカーには危害を加えても、メスには危害を加えるということはしなかったのです。

スニーカーと交接を終えたメスは、しばらくして大きな石の下にブドウの実のような卵を一つずつ産みつけます。

こうした恋の争奪戦を、数百匹もの大型イカが展開するのですから壮観です。しかし自然界は、この様子を見逃しはしません。多くのイルカたちが、オーストラリアコウイカを目掛けて襲って来ます。豊富な餌だと思っているからです。

また、そのイルカの姿を追って大型のホホジロザメも参加します。そして、ワイアラの海は、壮絶な「生と死の世界」が展開されるのです。この光景はまさに壮観です。

コブシメの産卵と孵化

産卵するコブシメのメス

●体の色を半分に変える能力

コブシメは、南のサンゴ礁を代表するコウイカの仲間です。

沖縄などの海底で見たダイバーも多いでしょう。体長は五十センチ程で、サンゴ礁の海を悠然と泳ぎ回っています。体の色は、茶褐色でサンゴの色彩に似ています。そのため気がつかないことがあります。そのくらい色彩変化が上手なイカなのです。

このイカで面白い生態を発見しました。それは産卵期で、多くのイカが愛の争奪戦を展開している時です。

ある一匹のオスが、気に入ったメスがいたので、右側から口説いていました。その時です。突然、一匹のオスが左側から現れたのです。するとオスは困惑しました。左の敵には立ち向かわなければなりません。ところが、右側のメスも気になるのです。もし離れたら、メスは永遠に立ち去って行ってしまうかもしれません。

そこでオスは体の色を左右に分けたのです。そして、右側のメスに対しては「愛しているよ!」という愛の色彩を示し、左側の敵には「この野郎、いつでもやってやるぜ!」と凄んだ色彩にしたのです。

カメレオンは七色に色彩を変える

卵から赤ちゃんが半身を出したところ

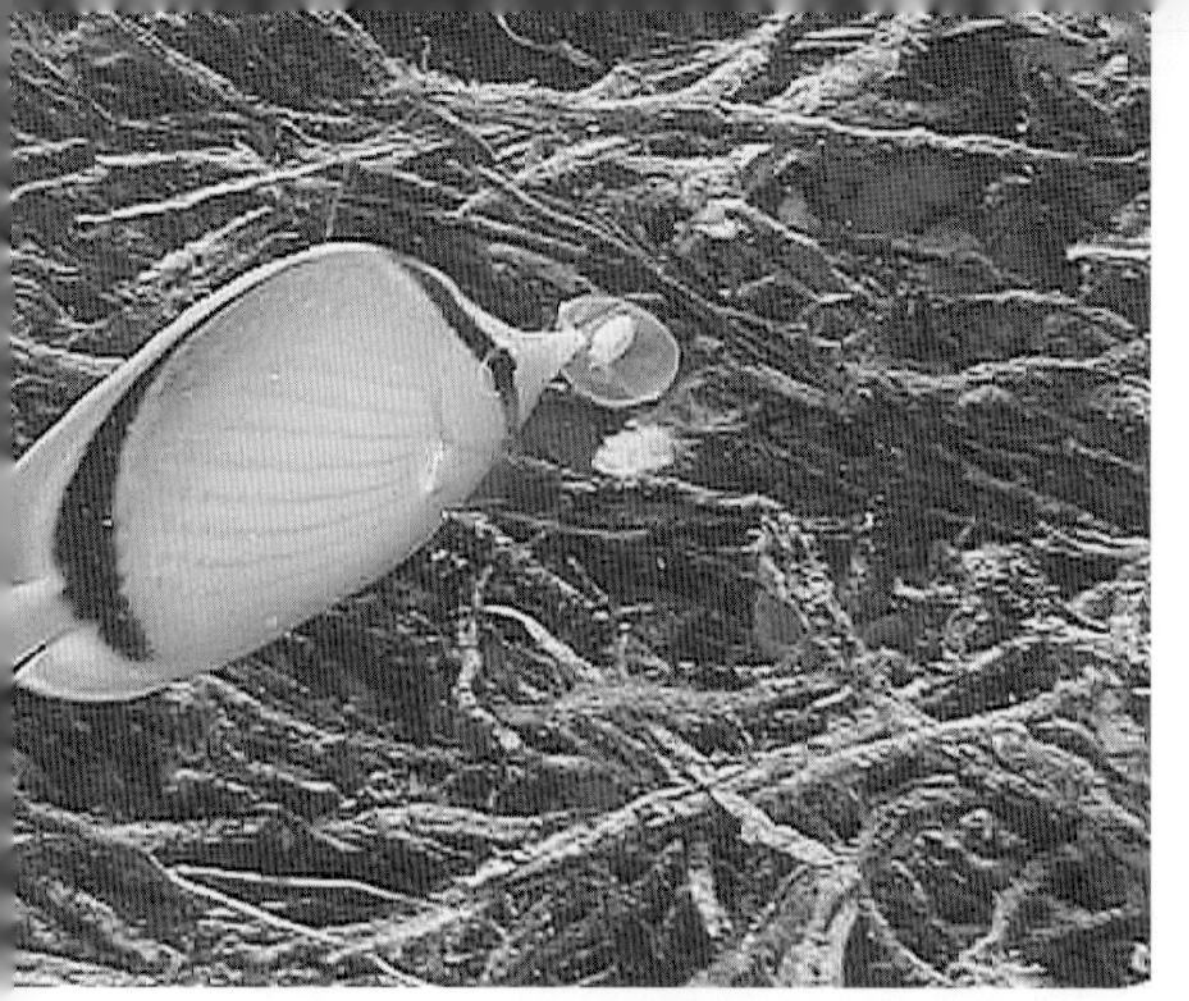
フウライチョウチョウウオの仲間が卵の中の赤ちゃんをねらって突いている

無事に孵化した赤ちゃん

といいますが、コブシメのこのように体の半分を別々の色彩に変える動物はそうはいないでしょう。それくらい器用なイカなのです。ただし、闘争心が強く、敵のコブシメに対しては激しく戦い、相手を殺してしまうことさえあるのです。

●孵化

コブシメの交接は、オスとメスが両腕を上げ、絡むようにして抱き合うようにして行ないます。その交接時間は、他のイカのように数秒ということではなく、三分から五分と長いのです。有精卵をしっかりと得るためでしょう。

この交接の後に、産卵場所を探します。

シコロサンゴの中や水中のヤシの木の根元の中に気に入った場所を見つけると、メスは、十本の腕を伸ばし、透明な卵を産み付けます。卵の大きさはニセンチ程です。

そして時間がたち、孵化する寸前には、海水で膨らみ、卵の中に動いているイカの赤ちゃんを見ることが出来るのです。ところが赤ちゃんも、卵の中から外を見ています。つまりカメラを向ける私の姿も、しっかりと見続けているのです。

なぜ孵化する赤ちゃんが、卵の中から外を見ているかというと、それは、自分を食べようとしているチョウチョウウオの仲間やハコフグの姿を見ているからです。そして現に、フウライチョウチョウウオに食べられてしまう光景に出会いました。悲しいシーンでした。

では、孵化した赤ちゃんは、どうしたらいいのかというと、孵化した後、直ちにサンゴの枝などの奥に身を隠し、餌は小型の甲殻類などを捕食して生きているのです。いずれにしろ危険がいっぱいの世界なのです。

ミナミハナイカがエビを捕食した

美しい狩りでエビを仕留めるミナミハナイカ

●美しい姿のハンター

ミナミハナイカはサンゴ礁に棲む、とても美しいイカの仲間です。体長は十センチ程です。

泳ぎはあまり速くはありません。むしろ歩くような、ゆったりとした行動を見かけます。

砂地では、色彩が鮮やかなので、良く眼に付きます。そんなミナミハナイカですが、捕食するシーンはとても興味深いものです。

ミナミハナイカは、砂地で獲物のカクレエビを発見すると、体色を砂と同じような灰色に変え、スーッと静かに歩幅を詰めます。そして間合いを見て、一気に触腕を伸ばし、エビを仕留めます。それは美しい狩りでした。

●卵の中の赤ちゃん

このミナミハナイカも、外敵に襲われそうになる時があります。

その時は、ピーンと頭上高く跳ね上がり、敵の攻撃を避けるのです。ま

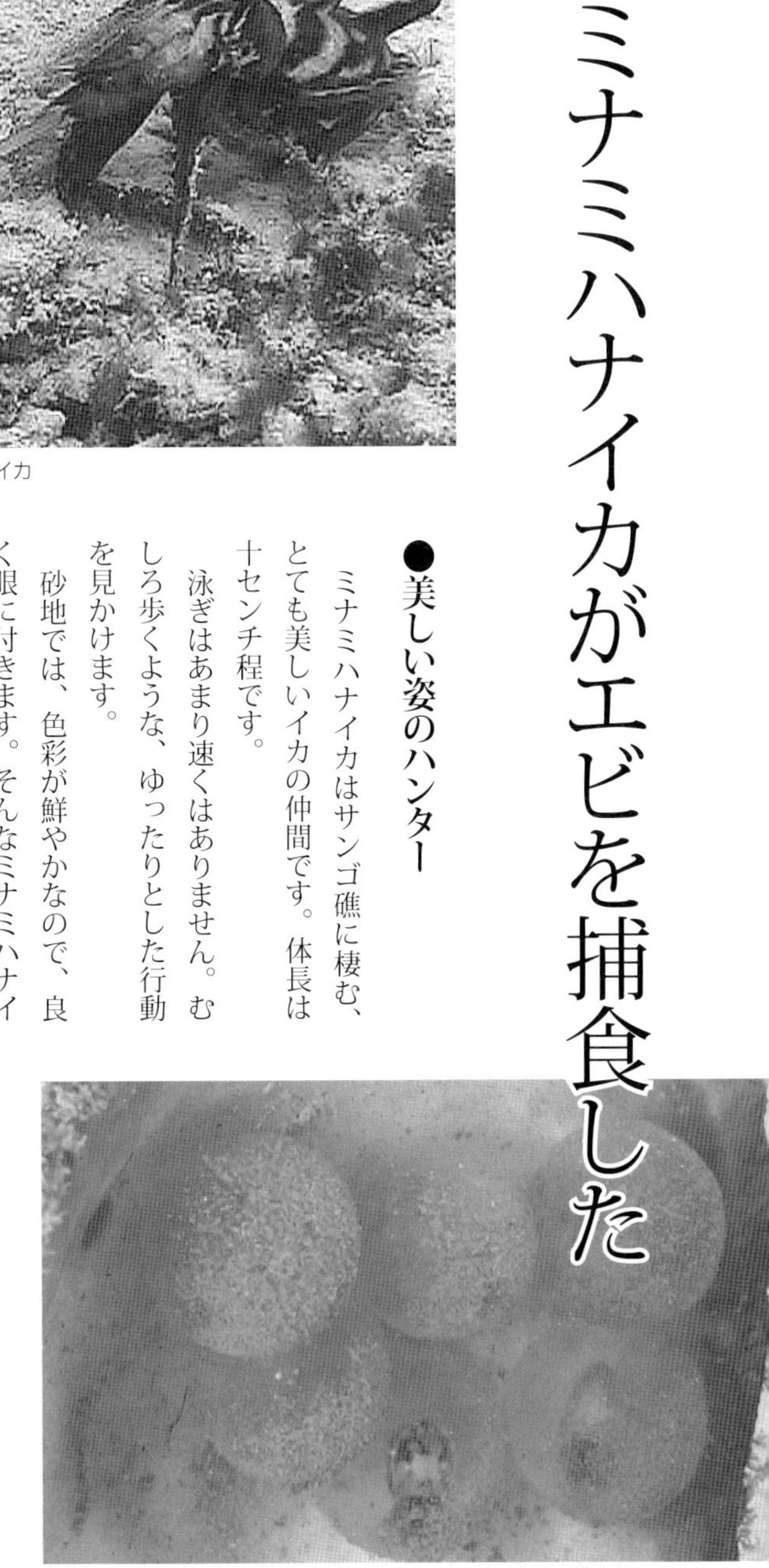
ミナミハナイカの赤ちゃんのいる卵は砂まみれ

素早くエビを捕らえて口元へ

た石のように擬態をして、敵をやり過ごすこともあります。そして何事もなかったように次の場所へと移動するのです。

ミナミハナイカの愛の交接は、とても面白いものです。

オスとメスが出会うと、オスはメスの周囲をグルグルと回ります。その姿は華麗です。その行為に、メスが好感を持つと、直ちに交接します。交接の行為は、他のイカとそう変わりはありません。

交接が終わるとすぐに産卵場所を探します。

このイカは、産卵場所にうるさいのです。時には流れて来たヤシの実の殻の裏に産み付けます。ただし、汚れた殻は好みません。卵のため、ある種の清潔感が必要と思っているのかもしれません。

また岩と岩の間に卵を産む場合もあります。

その狭い場所が気に入ったのでしょう。卵は一度に一個です。ただし、ヤシの殻の裏には十個程の卵が産み付けられていました。卵は一センチ程の大きさです。

卵の中の赤ちゃんは、親と同じように赤や黄色の色彩が鮮やかです。孵化前の卵の中で、その色が透けて見えます。とてもきれいなものです。

孵化した赤ちゃんは、その場所で、直ちに歩くことができるのです。そして、その場所では、小さな甲殻類を見つけると、触腕を伸ばし、その餌を食べます。このように小さな赤ちゃんですが、生まれて直ぐに、親と同じような色彩になり、同じような行動をする姿には驚きました。

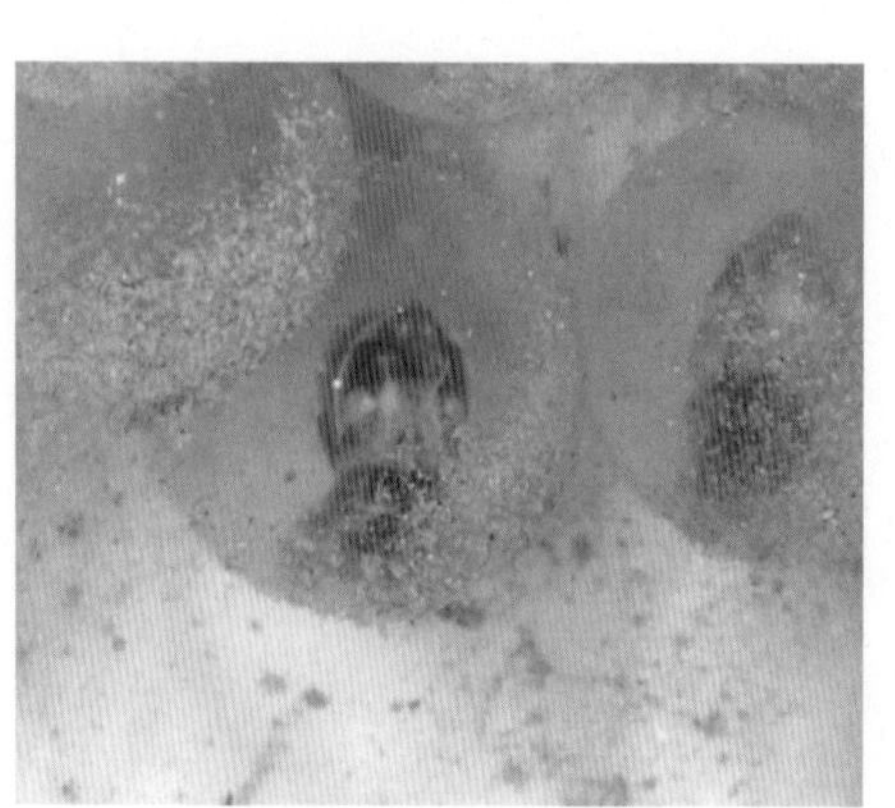
卵の中から外を見ているミナミハナイカの赤ちゃん

第九章

面白イカ・タコ図鑑

尾崎カメラマンが撮影した

イカ・タコの面白情報を紹介しましょう

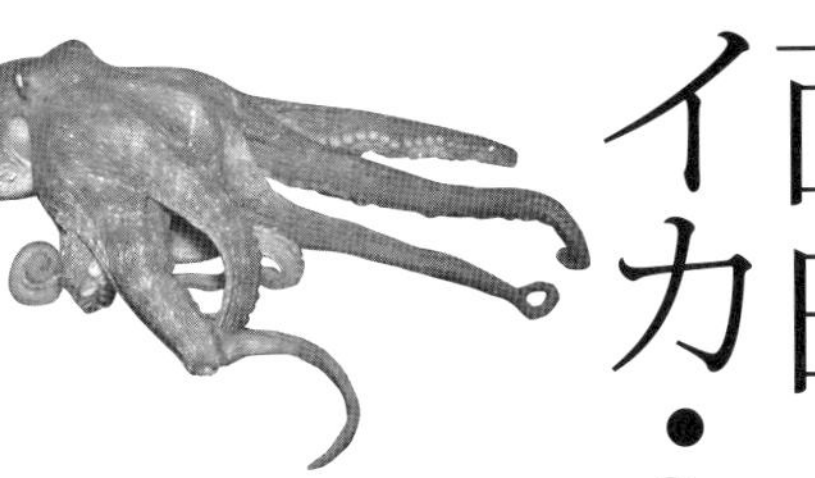

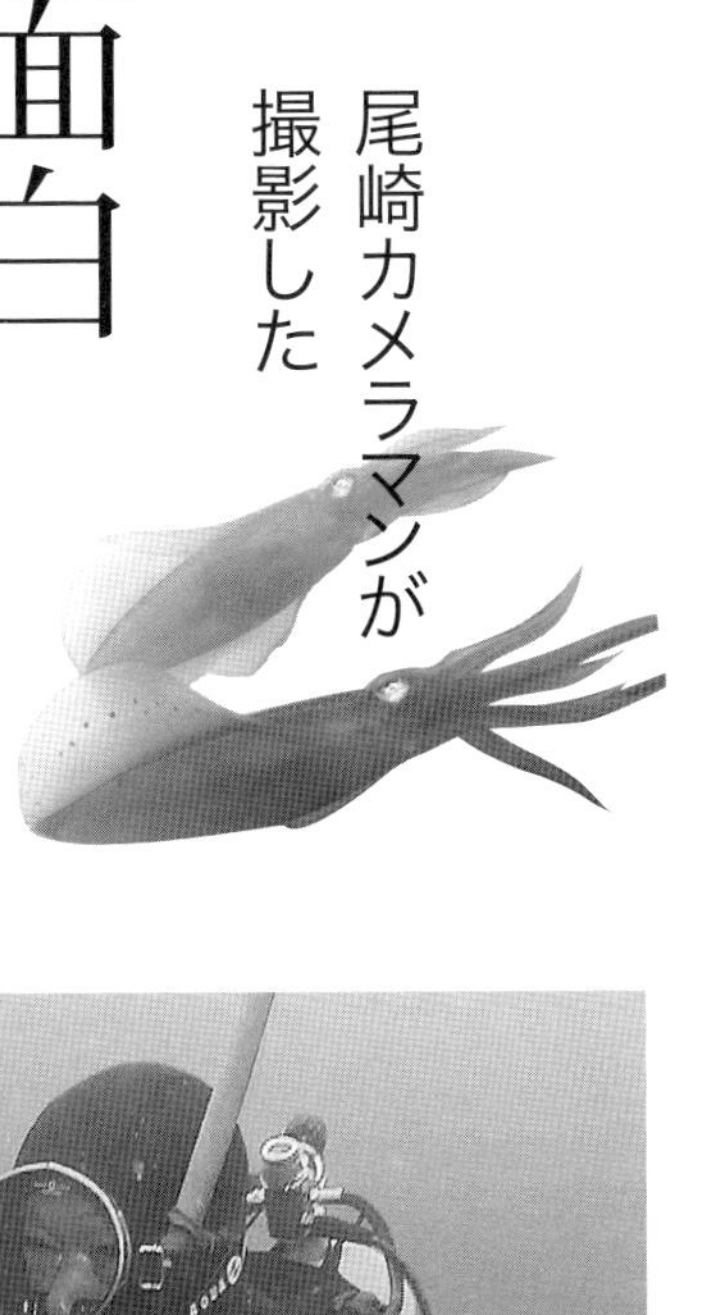

スルメイカ

スルメイカは、古来よりスルメとして朝廷に献上された、縁起のいいイカです。身は寿司や刺身、内臓は塩辛としても親しまれています。

この写真は千葉県・館山の定置網の中で撮影したものです。このイカは、他のイカ、たとえばヤリイカやケンサキイカなどと良く混ざって泳いでいることがあります。体長二十七センチから三十センチで、メスが大きく、オスは小さい。興奮すると体が赤く染まります。

学術名▸▸▸▸▸*Todaro d es pacificus*

コウイカ

コウイカは日本を代表するイカで、関東以南、東シナ海、南シナ海に生息しています。通常は、砂場でよく見掛けます。そのため砂地に似た色彩で泳いでいることが多いのです。ただ、単独で泳いでいることが多く、私が近づくと色彩を変え、さらに近づくと墨を吐いてサッと逃げていきます。

コウイカは精子競争をすることで有名です。つまり交接で、オスがメスに自分の精子を渡すのですが、すでにメスが他のオスの精子を体内に持っている場合、それを掻き出すのです。

学術名››››› *Sepia esculenta*

ミナミハナイカ

　このイカを撮影したのは、インドのマブールの水深十メートル海底です。このイカの仲間の分布範囲は広く、日本の太平洋沿岸から南シナ海、インド洋までとサンゴ礁のエリアでよく見掛けます。そのため砂地に近い色彩で見られます。
　イカは甲殻類を食べますが、このイカは獲物を見つけると、急に止まり、四本の腕を伸ばし、プロペラのような形をしてから色を変え、ズッーと触腕を伸ばし、的確に獲物を捕らえます。その後、ミナミハナイカにふさわしい色彩の体に戻ります。とてもカラフルな美しいイカです。

学術名››››››*Metasepia tullbergi*

イカ編

ホタルイカ

ホタルイカは富山湾産が昔から食用されているためか、良く知られています。しかし、東京湾の館山湾でも良く見られているイカです。

それも二月の寒い時期で、小さなエビの仲間を追って来ると思われます。富山湾では、その数は数千、数万もの大群で岸に寄せて乗り上げるので、「身投げイカ」と呼ばれています。三月頃から産卵期なので、浅い所に来て、誤って打ち揚がってしまうのでしょう。夕暮れ時に網ですくってみると、ホタルイカの光が美しく確認できます。腹腕の先に三個の発光器が付いています。

学術名▸▸▸▸▸ *Watasenia scintillans*

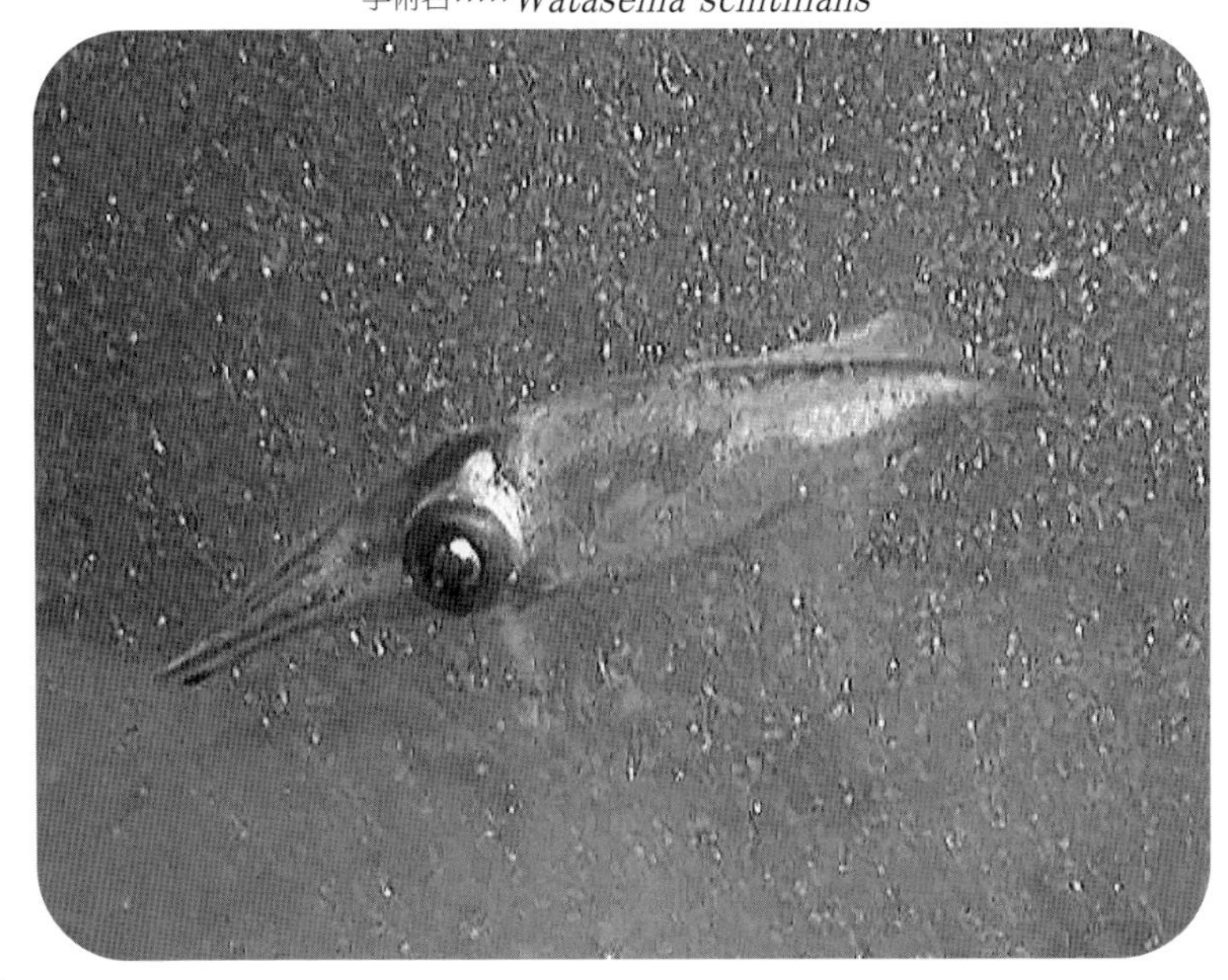

イカ編

ヒメコウイカ

このヒメコウイカと思われるイカを撮影したのは秋で、伊豆の大瀬崎の海底です。岩場と砂地の境目で撮影しました。外套長七センチ程の小さなイカです。

このイカの面白いところは、オスが、メスを求愛するため、体の色をまるでネオンサインのようにピカピカと光らせたり、体を棒のように長く伸ばし、四本の腕を前後に伸ばしたりしてアピールすること。それは涙ぐましい努力です。それぞれの個体によって、さまざまな姿を見せてくれるのは楽しいものです。

学術名▸▸▸▸▸*Sepia kobiensis*

イカ編

ケンサキイカ

このイカは、常磐が北限です。温暖化で、三陸まで生息していますが、千葉県の館山湾の定置網の中で撮影したものです。ケンサキイカは味が良いため、活かしたまま料亭などに送られます。最近、釣り人の間でも人気が高く、東京湾でも多くの釣り船が出されています。

他のイカの多くは固い所で産卵するのですが、ケンサキイカは、やや深い砂地に卵を産むのです。

そのため潮に流されてしまいます。浦安や船橋、お台場などで流されている卵を見たことがあります。

学術名▸▸▸▸▸*Loligo edulis*

ヤリイカ

ヤリイカは日本各地から東シナ海まで生息する人気のイカで、小さな群れで回遊しています。オスの外套長は四十センチ程で、メスは二十センチから三十センチです。この写真は伊豆の大瀬崎で撮影したものです。このイカの特徴は、泳ぎ方にあります。四十五度の角度で前方へ泳ぎ、止まっては、また四十五度の角度で泳ぐという特殊な泳法を見せてくれます。ただ危険が迫るとロケットのようにスピードを上げ、逃げ出すことがあります。

産卵場所を、ダイナンウミヘビやウツボが絶えず狙っているため、岩棚の奥に産んでいる光景を見たことがあります。

学術名▸▸▸▸▸*Loligo bleekeri*

イカ編

アオリイカ

アオリイカは、日本沿岸でよく見かける日本を代表するイカです。このイカの特徴は、春になると東京湾でも、伊豆でも、群れをなしてやって来ること。その目的は産卵です。

そのためオスとメス、さらに中性のスニーカーも参加して、華やかな求愛行動が見られ、多くのダイバーやカメラマンが、その行動を追いかけます。

そしてペアが決まると、アマモやソフトコーラルのヤギ類、漁網などに産卵し、海底は真っ白い卵の束で、まるでお花畑のような風景が見られます。いわばアオリイカの産卵は、海の風物詩といっていいでしょう。

学術名 ▸▸▸▸▸ *Sepioteuthis lessoniana*

ヒメイカ

ヒメイカは、体の小ささに似ず大食漢で、日本沿岸の藻場で小魚や甲殻類をよく食べている光景を見掛けます。

ただ、このイカは体長二〜三センチ前後の小さなイカなので、餌を食べている時、他のイカに襲われて、食べていた餌を横取りされてしまうことがあります。小さいため反撃することもできず、餌を取られて悲劇を感じさせるイカです。

学術名▸▸▸▸▸*Idiosepius paradoxus*

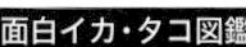

タコ編

マダコ

このタコは私にとって因縁深い存在で、これまで多くの被写体になっています。それというのも、海に潜るたびに必ず目にするタコだからです。そのため交接や産卵、孵化まで細部にわたって撮影することができます。私にとって、画期的な映像を残すことに成功したタコといっていいでしょう。

また餌の大半が砂地に棲む二枚貝やエビ・カニの仲間です。驚いたことに、このタコは、獲った餌を棲みかの前の砂地に置き、自分で食べ、時にカワハギなどに与えることもあるという興味深い習性を持っています。

学術名▸▸▸▸▸ *Octopus vulgaris*

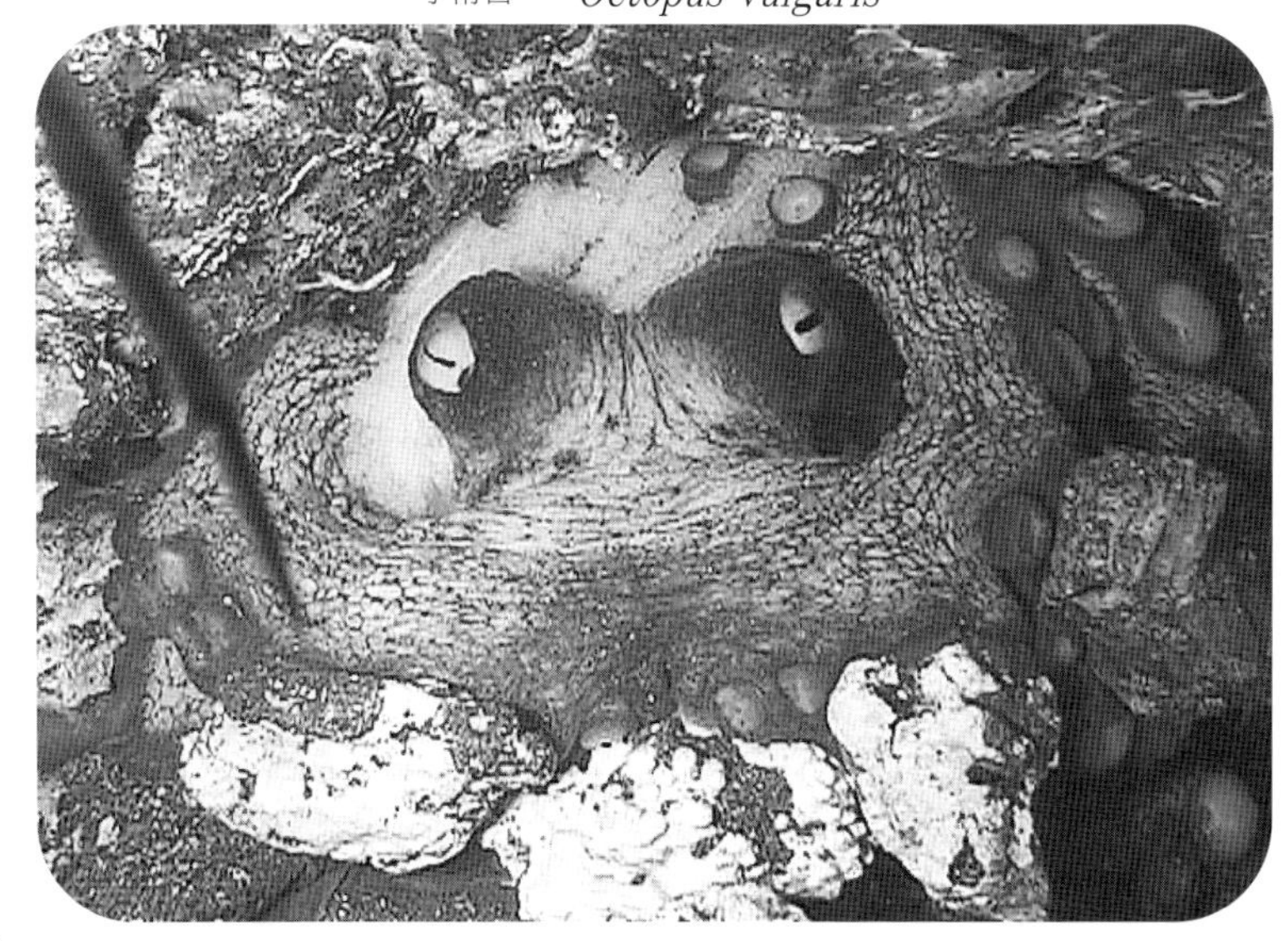

タコ編

スナダコ

スナダコは、館山湾や伊豆の大瀬崎の海底など日本沿岸で良く見かけるタコです。名前と同じように砂地でよく見かけます。それも貝殻や空き缶、空き瓶などの中に入っています。それらの行為は敵から身を守るため、欠かせないことなのでしょう。透明な空き瓶の中で見るタコの姿はとてもユーモラスで、水中写真コンテストにも、その映像が紹介されています。

学術名 *Octopus kagoshimensis*

タコ編

サメハダテナガダコ

このタコは体長七十センチ程の大型のタコで、毒性のある唾液で甲殻類を捕獲します。噛まれると毒があるということで、ヒョウモンダコ同様に気を付けたほうがいいでしょう。

このタコの面白いのは、砂地に潜るのが得意で、触手だけ出し、獲物が近づくと一瞬にして襲い、仕留めます。その姿はまるで海の忍者です。ところが泳ぐ時は、頭を平らにして腕を伸ばし、体をうねらせて、まるでワニのように泳いでいることです。そのため敵や周囲を驚かせています。

学術名▸▸▸▸▸ *Octopas Iuteus*

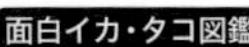

イイダコ

このタコは砂地で見ると、どの種類のタコか分かりません。しかし、水中ライトを当てると、写真にあるように腕に黒い縦帯模様と眼状紋を表わします。これは敵を驚かすばかりではなく、仲間との交信というかシグナルにも使っているようです。

ちなみに、おでんの中のタコは、このタコが使われていることが多いとのことです。なお、このタコの卵がご飯の粒に似ていることから、この名がついたといわれています。また白い物に飛びつく習性があるため、ラッキョウをエサにしたテンヤ釣りで良く知られています。

学術名▸▸▸▸▸*Octopus ocellatus*

タコ編

マオリ・オクトパス

このタコは、オーストラリアに棲むミズダコの仲間で体長は三メートル。体重は五十キロ。このタコの仲間は、サメや鳥を襲うといわれ、見た目にも獰猛な感じがします。タコは甲殻類が好きですが、オーストラリア産の巨大なロブスターも好んで食べるといわれています。体も巨大ですが、食欲も旺盛です。

学術名▸▸▸▸▸*Octoaus marus*

タコ編

ワンダーパス

このタコは太平洋からインド洋にかけて生息しています。このタコの面白いところは、メスが産卵すると、その卵を自分の体に付けて育て、孵化まで面倒を見ることです。

その間に餌を獲り、自由に移動することもしています。そのようなタコは極めて珍しい存在です。タコは愛情深い生きものですが、ここまで来たら完璧といっていいでしょう。

学術名▸▸▸▸▸*Wonderpus photogenieus*

タコ編

ヒョウモンダコ

南方系のタコで、沖縄などのサンゴ礁で良く見掛けます。体長は十五センチ程で、咬毒のフグ類と同じテトロドトキシンという猛毒があります。ところが地球温暖化で、かつてより大阪湾を始め東京湾や相模湾でも見ることがありましたが、温暖化が進むにつれ頻繁にその姿を見せるようになりました。

このタコの面白い所は、歩いている時は通常の姿なのですが、驚いたり、怒ったりするとブルーの色彩をパッと表わして、警告色を発して外敵を威嚇し、カメラマンを驚かせます。くれぐれも触らないようにしてください。

学術名▸▸▸▸▸*Hapa lochlaena fasciata*

タコ編

タコブネ

タコブネは、日本海や太平洋に生息します。ただ沖合を泳いでいるので、なかなか見掛けられません。たまに館山湾の定置網にかかり、潮だまりで取り残された姿を見掛けることがあります。メスは体長七、八センチですが、オスは、その二十分の一くらいです。オスの交接腕が精子を持ち、メスの体内に入れられて、それが切り放たれ、受精が行われます。メスは貝殻の内側に、その卵産み付けているのです。とにかく変わった生態のタコです。

学術名▸▸▸▸▸*Argonauta hians*

タコ編

ワモンダコ

ワモンダコは、体に「輪紋」のような眼状紋が出来るため、その名前が付いたといわれています。そのため驚かすと、この模様が見られます。また腕の先端には膜があり、獲物を覆って捕らえという特技を持っています。

このタコの生息地は、沖縄やハワイ、東南アジア、紅海など南方のタコなのです。最近では地球温暖化のためか、何と千葉県の勝山から金谷にかけて、かなり多くのワモンダコが確認されています。タコの水揚げで、十匹のうち八匹がワモンダコだというのです。

学術名‣‣‣‣‣*Octopus cyanea*

タコ編

テナガダコの近似種

このタコはフィリピンの海底で良く見掛けます。砂地に九十センチもの長い腕を伸ばし、海底を這うようにして行動します。用心深いタコで、人の気配や外敵が現われると、直ぐに棲みかの穴に隠れ、眼だけ外に出して様子をうかがっています。日本近海にも生息しています。瀬戸内海に多く棲み、内湾の泥の中にトンネルを掘っており、マダコより、肉が柔らかく美味だといわれています。

学術名▸▸▸▸▸*Octopus sp*

エピローグ

このたびイカ・タコの本を出版するに当たって、奥谷喬司先生や萩原清司氏、宮澤幸則氏、須藤利博氏など多くの有識者の意見を聞いて、改めて勉強になりました。

この本を書こうと思ったのは、世界中の海を取材していて、多くのイカ・タコに出会い、いつか、彼らの奇妙な生態を語ろうと思ったからです。

ところが欧米では、イカ・タコの話はタブーなんですね。

それというのは十四、十五世紀のヨーロッパでは、巨大なイカやタコが船を襲って沈没させ、多くの被害を与えているという絵画や小説があり、いわばサメのジョーズと同じモンスター的存在なんです。だから話をすると、ブーと口をとがらせて拒否反応を示すんです。そして実際に手に取ると、吸盤に吸い付かれたり、体がぐにゅぐにゅして気持ちが悪いという感触があるんでしょうね。その気持ちは分からないでもないんです。

ところが、日本ではタコというと、タコ焼きを代表するように庶民の味であり、またイカというとスルメイカのように焼いても、刺身にしても美味い。また浮世絵に描かれたタコのように色っぽい存在もある。欧米と日本との、そのギャップが面白いと思ったんです。

そして、イカ・タコの神秘的な、面白い生態を取材するにつけ、どうしても本を書き、多くの人に知らしめたいという衝動に駆られて、このたびの出版になったのです。

イカ・タコの不思議な能力というか生態について、もっと知って欲しい。ことに学生さんや動物好きの人に、海の中にはこんな面白い世界があるのだということを知って欲しい。また釣り人やダイバー、水産関係の方にも読んで欲しいと思いました。

本書の内容は、私個人の体験なので、独り善がりにならないように配慮し、奥谷先生に原稿に目を通していただき、その点、深く感謝いたしております。

なお、本書を出版するに当たって、ご尽力いただだいた「つり人社」社長・山根和明氏、助言をいただだいた『マリンダイビング』元編集長の鷲尾絖一郎氏に心より感謝したい。また日常を常に支え、理解を示してくれた妻直子にも、再度、この場で深く感謝したいと思います。

令和三年七月　尾崎幸司

参考文献
『日本のタコの本』奥谷喬司著（東海大学出版会刊）
『タコの知性』池田譲著（朝日新書刊）
『イカはしゃべるし空も飛ぶ』奥谷喬司著（ブルーバックス社刊）
『イカ・タコガイドブック』土屋光太郎・山本典暎・阿部秀樹（ＴＢＳブリタニカ社刊）
『イカの魂』足立倫行著（情報センター出版局刊）
『イカ学Ｑ＆Ａ６０』奥谷喬司・藤井建夫著（全国いか加工業協同組合）

著者紹介
尾崎幸司
1944 年東京生まれ。
15 歳からスクーバダイビングを始める。
17 歳から「東京シーハント」ダイビングショップを開く。
1993 年　ＮＨＫ「タモリのウオッチング」を撮影。
1995 年　なるほど！ザ・ワールド「生きもの地球紀行」を撮影。
1997 年「東京湾のタコの多彩な知恵」を撮影。
その後、「ダーウィンが来た！」「ワールドライフ」などの番組で、オーストラリアやインネシア、タイ、アメリカ、マレーシアなどを歴訪。タコやヒメコウイカ、ハナイカ、ウミウシ、シャコガイ、カエルアンコウ、カワハギ、クロダイ、アオリイカ、メバルなどの貴重な生態を業務用カメラで撮影。魚類学者から高い評価を受ける。なお撮影の他に、養鰻やドライスーツの開発、公官庁の職員へダイビング指導など多種多才だ。
2019 年『東京湾生物の不思議・最前線』（つり人社刊）を上梓する。

イカ・タコは海（うみ）の魔術師（マジシャン）である！

2021 年 10 月 1 日発行

著　者　尾崎幸司
発行者　山根和明
発行所　株式会社つり人社

〒 101-8408 東京都千代田区神田神保町 1-30-13
TEL　03-3294-0781（営業部）
TEL　03-3294-0766（編集部）
印刷・製本　株式会社栄光舎

乱丁、落丁などありましたらお取り替えいたします。

ISBN978-4-86447-379-8　C2075

つり人社ホームページ　https://tsuribito.co.jp/
つり人社オンライン　https://web.tsuribito.co.jp/
siteB（Basser オフィシャルウェブサイト）　https://basser.tsuribito.co.jp/
釣り人道具店　http://tsuribito-dougu.com/
つり人チャンネル (YouTube)
https://www.youtube.com/channel/UCOsyeHNb_Y2VOHqEiV-6dGQ